Chris Bass

Praxisratgeber
Klassikerkauf

Mercedes-Benz
230, 250 & 280 SL
W 113 Pagode

HEEL

IMPRESSUM

HEEL Verlag GmbH
Gut Pottscheidt
53639 Königswinter
Telefon: 0 22 23 92 30-0
Telefax: 0 22 23 92 30 13
Mail: info@heel-verlag.de
Internet: www.heel-verlag.de

5. Auflage: 2024

Der Originaltitel „The Essential Buyer´s Guide Mercedes-Benz Pagoda 230, 250 & 280 SL"
ist erschienen bei:
Veloce Publishing Ltd.
33 Trinity Street
Dorchester DT1 1TT
England

Übersetzung ins Deutsche: Walther Wuttke

Lektorat: Jürgen Schlegelmilch

Satz: Stefan Witterhold, HEEL Verlag GmbH

Druck und Verarbeitung: D+L Druck GmbH, Bocholt

Printed in Germany

ISBN: 978-3-89880-896-5

Inhalt

Einleitung und Danksagung

Einleitung

Dieses Buch ist ein Leitfaden, um genau jene besterhaltene Pagode zu finden, die dem individuellen finanziellen Budget entspricht. Er bietet eine gründliche Einführung in die Welt dieser automobilen Ikone und liefert Maßstäbe, um ein in die engere Wahl gezogenes Modell kompetent in Augenschein nehmen und bewerten zu können.
Ein gut erhaltenes Exemplar bietet jene legendäre Qualität und Zuverlässigkeit, die Mercedes berühmt gemacht haben, sowie Leistungswerte, die auch für heutige Verkehrsverhältnisse noch ausreichen und ein Design, nach dem sich die Menschen genau wie damals umdrehen.

Geschichte

Mercedes-Benz gilt vollkommen zurecht als der älteste Automobilhersteller der Welt. Karl Benz ließ sich seinen Motorwagen bereits 1886 patentieren, während unabhängig davon zur selben Zeit Gottlieb Daimler zusammen mit seinem engen Mitarbeiter und Freund Wilhelm Maybach einen von ihm entwickelten Motor in eine ehemalige Pferdekutsche montierte. Nach der Jahrhundertwende dominierten die von Daimler gebauten Mercedes-Boliden den Motorsport und die ersten Grand Prix, während der „Blitzen-Benz" Geschwindigkeitsrekorde aufstellte. In den 1920er-Jahren produzierte Daimler die von Porsche entwickelten SSK-Sportwagen, und 1926 schließlich schlossen sich die beiden Unternehmen unter dem Zeichen des glänzenden Sterns im Lorbeerkranz zusammen. In den 1930er-Jahren kam der atemberaubende 540 K in die Welt der Schönen und Reichen, und die Marke beherrschte die Grand-Prix-Szene nach Belieben. Nach dem Zweiten Weltkrieg überstand Daimler-Benz die vollkommene Zerstörung seiner Werke, stand Mitte der 1950er-Jahre wieder an der Spitze des Motorsports und baute mit dem Flügeltürer 300 SL den ersten Supersportwagen. Die Sportwagen entwickelten sich zu großartigen Tourenwagen, was die in diesem Buch vorgestellten Modelle unterstreichen. Sie trugen auch dazu bei, dass die Automobile mit dem Stern als die besten der Welt angesehen wurden.
Als geplanter Ersatz für den 300 SL und 190 SL lastete die Erfolgsbürde schwer auf der Nachfolgebaureihe 113, die im März 1963 auf dem Genfer Autosalon mit dem Modell 230 SL durch seine außergewöhnliche Formensprache Publikum und Fachwelt polarisierte. Die Pagode, deren Name seinen Ursprung in der an japanische Tempelarchitektur erinnernden Dachform von Roadster und Coupé hatte, erfüllte die Erwartungen seiner Schöpfer mit Bravour und entwickelte sich mit insgesamt über 48.000 gebauten Exemplaren zu einem Bestseller. Der W 113 wurde in drei Varianten angeboten. Da war einmal der Roadster mit Faltverdeck, das Hardtop-Coupé ohne Faltverdeck und das Hardtop-Coupé mit montiertem Faltverdeck.
Das Kapitel „Realistische Bewertung" in diesem Buch bietet ein einfaches System, jede angebotene Pagode vernünftig zu beurteilen. Einen sehr guten Überblick, wie realistisch der geforderte Preis im Verhältnis zum fest-

Der 250SL von Roger Edward,...

...den er am liebsten offen fuhr und dies auch in vollen Zügen genoss.

gestellten Zustand ist, lässt sich dann anhand diverser Preisführer (z. B. *Oldtimer Katalog*, erschienen im HEEL Verlag) und Fachmagazine wie *Oldtimer Markt* sehr gut nachvollziehen.

Danksagung

Ich hatte die Idee zu diesem Buch nach einem Treffen mit Roger Edwards, der leider viel zu früh im Jahr 2006 verstorben ist. Roger war in den 1960er-Jahren Lehrling bei Mercedes-Benz GB und befasste sich von Beginn an mit diesem Modell. Er wurde die vermutlich führende Autorität für diese SL-Modelle und leitete später seinen eigenen Service- und Restaurierungsbetrieb in London. 1997 begann ich die „Mercedes-Benz Club Gazette" herauszugeben, in der Roger einer der wichtigsten Autoren war und seine ebenso wertvollen wie sachlichen Ratschläge für die Wartung dieser Fahrzeuge gab. Viel von seinem Wissen habe ich aufgezeichnet und für dieses Buch verwenden können.

Ich habe zudem unschätzbare Unterstützung durch Rogers Geschäftspartner Cedric Selzer erhalten sowie von Paul Summer, einem leitenden Techniker bei Roger Edwards Motors, und Rogers Sohn Galvin, der ebenfalls dort arbeitet.

Roger genoss das Leben in vollen Zügen, vor allem, wenn er mit seiner Pagode fuhr, die Hauptdarsteller in diesem Buch ist. Gönnen Sie sich eine Pagode, und Sie wissen warum.

Natürlich ist dieses Buch Roger gewidmet.

1 Der richtige Wagen?

Große und kleine Fahrer

Die Pagode ist größer als man glaubt. Viele Teile stammen aus den Mercedes-Limousinen, sodass der Innenraum viel Platz bietet, und dank der in allen Bereichen einstellbaren Sitze haben weder große noch kleine Fahrer Probleme, die optimale Position hinter dem Lenkrad zu finden.

Die Pagode ist größer als sie aussieht.

Bedienbarkeit

Servounterstützte Bremsen und Lenkung (ein Extra, das sich außer bei einigen der ersten Exemplaren in so gut wie allen Modellen findet), machen die Pagode leicht beherrschbar. Eine fehlende Servolenkung verlangt bei niedriger Geschwindigkeit einen durchaus hohen Krafteinsatz.

Abmessungen

Länge: 4,29 Meter
Breite: 1,76 Meter
Höhe: 1,3 Meter (1,32 Meter beim Coupé)

Innenraum

Die Pagode ist ein klassischer Zweisitzer. Allerdings ist der Raum hinter den Vordersitzen so groß, dass damals sogar ein dritter Sitz als Extra bestellt werden konnte.

Gepäckraum

Die ersten 230 SL hatten dank eines kleineren Tanks und vertikal montiertem Reserverad ausreichend Platz für das Gepäck eines Pärchens, doch als das Tankvolumen zulegte und das Reserverad in eine horizontale Position wanderte, wurde der Kofferraum entsprechend kleiner. Spezielle Koffer waren für Gepäckraum und den Platz hinter den beiden Sitzen lieferbar.

Unterhaltskosten

Der Verbrauch liegt bei rund 20 Litern auf 100 Kilometern in der Stadt und zwölf Litern bei längeren Fahrten über Landstraßen und Autobahnen. Die Wartungsintervalle sind kurz, Besuche bei einem SL-Spezialisten können eine finanzielle Alternative zu den Mercedes-Niederlassungen sein, um die Kosten in Grenzen zu halten.

Alltagstauglichkeit

Alle Pagoden haben keine Probleme im modernen Straßenverkehr und können problemlos mit 130 km/h über die Autobahnen gleiten. Natürlich sind sie nicht vor kleineren Karambolagen beim Parken gefeit, und der Austausch eines beschädigten Grills oder Sterns ist eine kostspielige Angelegenheit.

Teileverfügbarkeit
Die meisten mechanischen Teile und Karosseriebleche sind problemlos lieferbar. Allerdings sind einige Anbauteile wie Chromleisten nur schwer aufzutreiben.

Kosten
Wartungs- und Verschleißteile wie Ölfilter und Bremsbeläge haben erstaunlich vernünftige Preise, was sich allerdings bei größeren Komponenten leider ins Gegenteil verkehrt.

Versicherung
Die Kosten für die Versicherung hängen von Fahrer und Wagen ab. Je nach Baujahr und sofern andere Kriterien (Garage, Zweitfahrzeug, Mindestalter des Fahrers) erfüllt sind, bieten die Versicherungen günstige Oldtimer-Tarife an.

Werterhalt
Die Pagode hat einen unumstrittenen Status als Klassiker. Angesichts eines mit der Zeit geringer werdenden Angebots, ist das Modell sehr preisstabil und wird in den kommenden Jahren eher noch steigende Preise verzeichnen.

Schwächen
Diese Automobile haben nur wenige Schwächen. Mercedes-Benz blieb der Pendelachse wesentlich länger treu als andere Hersteller, hatte sie bei der Pagode aber so weit perfektioniert, dass man diese Wagen schon deutlich jenseits der physikalischen Gesetze treiben muss, um sie an die Grenzen ihrer Straßenlage zu bringen.

Pluspunkte
Die Pagode stammt aus einem traditionsreichen und für seine technisch innovativen Lösungen bekannten Unternehmen. Das Design ist zeitlos, die W 113 bieten Langlebigkeit gepaart mit Alltagstauglichkeit, und außerdem findet man sie recht selten im Straßenbild.

Minuspunkt
Die Restaurierung kann unverschämt teuer werden.

Alternativen
Zu ihrer Zeit war wahrscheinlich der Jaguar E-Type der größte Konkurrent der Pagode. Als weitere Alternativen kommen der Aston Martin DB6/Volante, Austin Healey 3000, Daimler SP250, Ferrari 250, Jensen Interceptor, Maserati 3500 oder Porsche 911 in Frage.

Der Bereich hinter den Sitzen bietet nützlichen Platz für Gepäck.

2 Kosten

Bei der nachfolgenden Übersicht der Ersatzteilpreise gilt es zu beachten, dass die Angaben je nach Händler variieren können. Außerdem sind sie abhängig vom jeweiligen Fahrzeugtyp und Baujahr. Die Liste erhebt keinen Anspruch auf Vollständigkeit, sondern soll nur einen Überblick bieten.

Karosserieteile
Motorhaube: ca. € 2600,–
Kofferraumdeckel: ca. € 1800,–
Kotflügel vorn ca. € 830,–
Kotflügel vorn kpl. als 3/4 Reparaturausführung ca. € 280,–
Kotflügel hinten kpl. als 3/4 Reparaturausführung ca. € 230,–
Verdeckbezug, fertig genäht ca. € 790,–
Scheinwerfer mit gewölbtem Glas (bis 03/1970) ca. € 625,–
Scheinwerferglas einzeln, gewölbtes Glas ca. € 95,–
Scheinwerfer mit flachem Glas (ab Bj. 03/70) ca. € 835,–
Zierrahmen, Vollchrom, für Scheinwerfer ca. € 159,–
Rückleuchte komplett (bis 02/1969) ca. € 449,–
Ersatzglas für frühe Rückleuchte ca. € 110,Rückleuchte komplett (ab 02/1969) ca. € 299,–
Ersatzglas für späte Rückleuchte ca. € 146,–
Außenspiegel ca. € 70,–
Frontgrill komplett ca. € 2270,–
Frontgrill Stern kpl. ca. € 749,–
Stoßstange vorn Mercedes-Benz Originalteile ca. € 1100,–
Repro-Stoßstange vorn ca. € 430,–
Zierleiste Messing verchromt mit Gummikeder für Tür ca. € 240,–
Original Radlauf-Chromleisten, 4-tlg. Satz ca. € 325,–
Satz Bodenbleche ca. € 375,–

Motor- und Getriebeteile
AT Anlasser ca. € 225,–
AT Lichtmaschine ca. € 295,–
AT Benzineinspritzpumpe ca. € 1795,–
AT 4-Gang-Schaltgetriebe ca. € 2400,–
AT Automatikgetriebe ca. € 3850,–
Auspuff komplett (Mitteltopf + Endtopf), Mercedes-Benz Originalteil ca. € 400,–
Gummi-Motorlager vorn als Komplettsatz ca. € 100,–
Wasserpumpe ca. € 70,–
Kupplungs-Geberzylinder ca. € 140,–

Bremsen und Fahrwerk
AT Lenkgetriebe (Servo) ca. € 890,–
AT Servopumpe für Servolenkung ca. € 471,–
AT Bremskraftverstärker ca. € 515,–
Rep.-Satz Achsschenkelbolzen vorn, pro Seite ca. € 295,–
Rep.-Satz Querlenker außen oben, pro Seite ca. € 80,–
Rep.-Satz Radlager vorne, pro Seite ca. € 60,–
Bremsscheibe vorn/hinten (Stück) ca. € 50,–
Hauptbremszylinder ca. € 260,–
Bremsbeläge vorn/hinten ca. € 35,–
Bremszange vorn ca. € 200,–
Radbremszylinder f. Trommelbremse ca. € 60,–

Innenausstattung
Holzsatz 4-tlg. (Fensterschlüssel, LS-Blende, Mittelkons.) ca. € 429,–
Satz Sonnenblenden (2 Stück) incl. Halter ca. € 580,–
Lenkrad schwarz (ohne Hupenring, ohne Nabenpolster) ca. € 300,–
Typenschild für Heckdeckel ca. € 50,–
Lüfter-/Gebläsemotor ca. € 595,–
Gebläseschalter mit regelbarem Widerstand ca. € 172,–
Tachometer (werksüberholt) ca. € 395,–
Drehzahlmesser (werksüberholt) ca. € 345,–
Scheibenwischermotor ca. € 399,–

Leicht zu findende Teile:
Verschleiß- und Wartungsteile, die meisten mechanischen Teile, Elektrik, die meisten Karosseriebleche

Schwer zu findende Teile:
Anbauteile innen, Lenkradschloss für 230 SL

Kostspielige Teile:
Scheibenwischermotor, Türverkleidungen, Kofferraumhaube, Kühlergrill, Einspritzpumpe

Gebrauchte Teile:
Am besten orientiert man sich an den Anzeigen von Händlern. Vorsicht bei eBbay-Angeboten, weil viele Teile nicht halten, was sie versprechen. Auch die Inserate in den Clubmagazinen können hilfreich sein.

Scheinwerfer sind kostspielige Ersatzteile.

3 Leben mit einer Pagode

Die Pagode bewährt sich auch im modernen Verkehr ...

Roger Edwards, geistiger Vater dieses Buches, hat sein Berufsleben mit diesen Modellen verbracht. In einer Beschreibung dieser Baureihe finden sich die folgenden Zeilen:
„Die jüngsten Exemplare sind inzwischen mehr als 35 Jahre alt. Daher ist der Unterschied zwischen einem guten und einem nicht ganz so guten Exemplar riesig. Dennoch lässt sich die durchschnittliche Pagode gut fahren und findet sich im modernen Straßenverkehr zurecht."
Die Motoren machen einen sehr drehfreudigen Eindruck. 3000 Umdrehungen entsprechen sowohl bei Hand- wie auch bei der Automatikschaltung (beide Getriebe nutzten die gleichen Übersetzungen) 90 km/h. Nach heutigen Maßstäben schaltet die Automatik, die in den meisten Exemplaren vorhanden ist, sehr ruckartig. Sie benutzt zum Anfahren den zweiten Gang, es sei denn man wählt „2" oder benutzt den Kickdown. Sie verursacht zudem beim Anfahren und beim Anhalten ziemlich viel Lärm. Der zentral platzierte Wählhebel ermöglicht, falls notwendig, manuelle Eingriffe.
Die drei Motoren (230, 250 und 280) haben einen sehr ähnlichen Charakter, wobei der 230er etwas weniger flexibel ist, und daher bevorzugten einige Erstbesitzer bei dieser Variante die manuelle Schaltung. Der Auspuff, vor allem wenn ein rostfreier Ersatz montiert wurde, macht sich im mittleren Geschwindigkeitsbereich bemerkbar.
Die meisten dieser SL wurden mit Servolenkung ausgeliefert, die sich leicht und präzise anfühlen sollte. Exemplare ohne diese Unterstützung verlangen bei niedrigen Geschwindigkeiten Schwerstarbeit. Die Federung macht einen weichen Eindruck, und die Karosseriebewegungen sind deutlich

... und eignet sich hervorragend für lange Touren.

Sicherheitsgurte wurden in vielen später gebauten Modellen montiert, aber alle Modelle besitzen bereits die Befestigungspunkte dafür.

ausgeprägt, was sich aber nicht negativ auf die Straßenlage auswirkt, die damals den Maßstab für viele Konkurrenzmodelle setzte.

Die Bedienhebel sind leicht zu betätigen. Heizung und Lüftung sind hervorragend.

Der Benzinverbrauch liegt je nach Verkehrsverhältnissen zwischen zwölf und 20 Litern. Nach modernen Maßstäben sind die Wartungsintervalle kurz, doch werden sie eingehalten, können diese Automobile außerordentlich zuverlässig und langlebig sein.

Sie sind ausgezeichnete Fahrzeuge für den täglichen Einsatz und zeigen sich dabei auch auf längeren Touren von ihrer angenehmen Seite.

Alle drei Modellvarianten sind die idealen Begleiter an sonnigen Wochenenden und garantieren beneidenswertes Open-Air-Vergnügen. Man sollte sich aber darüber im Klaren sein, dass die Modelle dieser SL-Generation noch nicht über die Errungenschaften moderner Automobile verfügen. So sucht man hochentwickelte Diebstahlschutzanlagen oder Hightech-Sicherheitseinrichtungen wie ABS oder Airbags im W 113 vergeblich.

Die Mercedes-Benz-Clubs veranstalten Treffen in allen Teilen der Welt, auf denen die Pagode ein gern gesehener Gast ist. Auch bei anderen Klassiker-Veranstaltungen macht das Modell eine gute Figur. Sollte es mal zu Problemen zu kommen, so gibt es überall Spezialisten oder Mercedes-Benz Niederlassungen, die die alte Dame wieder flott machen.

Die Pagode bietet viel Raum und mehr Leistung als man erwartet.

4 Relative Werte

Die Typenbezeichnungen weisen auf den Hubraum hin.

Die drei Modellvarianten – 230 SL (März 1963 bis Januar 1967), 250 SL (Dezember 1966 bis Januar 1968) und 280 SL (Januar 1968 bis März 1971) – unterscheiden sich nur minimal, wobei die Veränderungen, wie bei Mercedes üblich, nicht immer mit den Modellwechseln eingeführt wurden. Bei der Markteinführung des 230 SL gab es die Pagode zunächst als Roadster (mit Stoffverdeck) plus Hardtop als Extra oder als Coupé mit abnehmbarem Hardtop, aber ohne Verdeck. In dem ansonsten vom Verdeck beanspruchten Raum gab es Notsitze. Viele dieser Exemplare bekamen nachträglich ein Verdeck, um sich so gegen (in Europa durchaus nicht unwahrscheinliche) plötzliche Regengüsse zu schützen.

Der stärkste und beliebteste Motor war der 280er.

Die größten Unterschiede bei den Modellen ergaben sich naturgemäß durch die verschiedenen Motoren. Der 230er (2281 ccm, 150 PS bei 5500 Umdrehungen, 193 Nm bei 4500 Umdrehungen) hatte weniger Drehmoment und war nicht so flexibel wie der 250er (2496 ccm, 150 PS bei 5500 Umdrehungen, 212 Nm bei 4500 Umdrehungen) oder der 280er (2778 ccm, 170 PS bei 5750 Umdrehungen, 236 Nm bei 4500 Umdrehungen. Daher hat die Handschaltung beim 230er durchaus Vorteile. Allerdings wurden die meisten

Die charakteristische Dachform gab der Modellreihe ihren Namen.

Exemplare (wie bei allen anderen Versionen) mit dem Automatikgetriebe bestellt. Das Schaltgetriebe stammte von ZF und hatte vier Gänge. Daneben wurde noch eine ZF-Fünfgangschaltung angeboten, doch ist diese heute außerordentlich selten. Der 250er wurde nur kurze Zeit angeboten und gilt als anfällig, was an den dünneren Pleuel lag. Dennoch hat diese Version ihre Freunde, die sie dem 280er vorziehen, der mehr Leistung und Drehmoment bot.

Über die Veränderungen an der Fahrwerkseinstellung und den Buchsen ist viel geschrieben worden. Insgesamt kam die Pagode auf sechs verschiedene Federtypen vorne und drei hinten. Daneben setzte man fünf unterschiedliche Dämpfer-Kombinationen und bis 1969 zwei unterschiedlich dicke Stabilisatoren ein. Doch davon ist heute nur noch eine Größe lieferbar. Zur Hälfte der Bauzeit des 250er wurde eine weichere Abstimmung übernommen und die Lenkhebellagerung ausgetauscht.

Die ersten 230er besaßen Gummimatten in den Fußräumen und Teppichboden im Fond sowie auf dem Mitteltunnel. Spätere Modelle boten mehr Luxus. Der 230 SL hatte zudem dünnere Sitzlehnen.

Die später gebauten Modelle hatten stärkere Rückenlehnen.

Die einzigen nennenswerten Veränderungen im Innenraum waren die Einführung einer neuen Abpolsterung der Armaturentafel, eine größere Aufprallplatte am Lenkrad, modifizierte Heizungshebel und eine neue Einfassung der Windschutzscheibe, womit Mercedes den Insassenschutz verbesserte.

Alle 230er waren mit Scheibenbremsen vorn und Trommelbremsen hinten ausgestattet. Die später gebauten Exemplare besaßen vier Scheiben. Der 230er hatte

Bei allen Versionen freuten sich die Besitzer über eine hervorragende Straßenlage, die damals Maßstäbe setzte.

außerdem den kleineren Tank (60 statt 82 Liter), was allerdings dem Kofferraum zugute kam. Das Reserverad war vertikal eingebaut und wechselte später in die Horizontale.
Heute ist der 280er offensichtlich das begehrteste (und teuerste) Modell, was auch daran liegt, dass er der jüngste Vertreter der Baureihe ist und bei Kennern als das harmonischste Pagoden-Modell gilt. Exemplare mit Automatik liegen in der Käufergunst deutlich vor handgeschalteten Versionen – es sei denn, man bekommt eine ZF-Fünfgang-Pagode angeboten.
Für einen sehr gut erhaltenen 280er-Automatik mit Zustand 1 muss man schon bereit sein, 61.000 Euro anzulegen. Das Preisniveau für einen 250 SL in selbem Zustand liegt bei 54.000 Euro. Gut 2000 Euro mehr werden für sehr gute Exemplare eines 230 SL verlangt. Die Preispalette stuft sich entsprechend des Zustandes ab und für eine Pagode, bei der eine unfangreiche Komplettrestaurierung ansteht, müssen immer noch zwischen 6500 Euro (250 SL) und 7500 Euro (280 SL) gezahlt werden. Wie schon erwähnt, bieten diverse Preisführer (z.B. *Oldtimer Katalog*, erschienen im HEEL Verlag) und Fachmagazine wie *Oldtimer Markt* einen sehr guten Überblick über die Marktsituation.

5 Vor der ersten Inaugenscheinnahme

Auch wenn man glaubt, man hätte in den vielen Anzeigen genau sein Traumexemplar gefunden, so sollte man sich Gedanken über einige Punkte machen, bevor man zum Telefonhörer greift. Das spart vielfach Zeit und Geld. Denn wenn man voller Euphorie auf der Suche nach dem vermeintlichen Traumklassiker ist, neigt man schon mal dazu, die einfachsten und banalsten Dinge außer Acht zu lassen.

Wo steht der Wagen?

Lohnt es sich, eine lange Anreise auf sich zu nehmen? Grundsätzlich sollte man sich zu Beginn der Suche Fahrzeuge anschauen, die in unmittelbarer Umgebung angeboten werden, um so etwas Erfahrung zu sammeln. Und vielleicht befindet sich ja unter diesen Kandidaten auch schon ein interessantes Exemplar. Die Entfernung ist natürlich auch ein wichtiger Aspekt für die Transportfrage, falls der Wagen nicht auf seinen eigenen Rädern überführt werden kann. Vielleicht lässt sich der Preis angesichts dieser Kosten drücken? Befindet sich der Wagen im Ausland, gilt es neben der Anfahrt auch noch zusätzlich die Zollmodalitäten bei einem möglichen Kauf zu berücksichtigen. Eventuell erforderliche länderspezifische Um- und Rückrüstungen müssen bei aus dem Ausland eingeführten Exemplaren ebenfalls beachtet werden und können durchaus TÜV-relevant sein.

Händler oder Privatanbieter?

Klären Sie im Vorhinein ab, ob das Fahrzeug von seinem Besitzer oder einem Händler verkauft wird. Der Privatmann sollte alle Einzelheiten der Historie kennen, daher scheuen Sie nicht davor zurück, sehr detaillierte Fragen zu stellen. Auch ein seriöser Händler wird Ihnen auf Nachfrage etwas zu der Fahrzeuggeschichte mitteilen können. Ansonsten sehen Sie sich besser nach einem anderen Exemplar um. Das Kleingedruckte im Vertrag sollte man sich unbedingt genau durchlesen und auch angebotene Garantieleistungen muss man auf ihren Inhalt prüfen. Wenn man einen Wagen von einem Händler kauft, kann man juristische Schritte einleiten, wenn der Wagen sich als Mogelpackung herausstellt. Bei privaten Anbietern gilt die Regel: „Gekauft wie besichtigt und Probe gefahren“. Vorsicht vor Händlern, die sich als Privatpersonen ausgeben.

Verkaufsgrund

Das sollte eine der ersten Fragen sein: Warum wird der Wagen verkauft und wie lange befand er sich im Besitz des letzten Eigentümers? Achten Sie darauf, ob die Ausführungen des Verkäufers nachvollziehbar sind. Wie viele Vorbesitzer gibt es?

Besichtigung – wann und wo?

Sinnvollerweise besichtigt man den Wagen beim Händler oder am Wohnsitz des privaten Besitzers. Hier können auch die gesamten Papiere in aller Ruhe überprüft und mögliche Fragen an Ort und Stelle geklärt werden. Der Besichtigungstermin sollte auf jeden Fall bei Tageslicht stattfinden. Vermeiden Sie auch regnerische Tage, denn die meisten Wagen sehen im Dunkeln und nass besser aus.

Zustand

Schon am Telefon sollte man den Verkäufer nach dem allgemeinen Zustand der angebotenen Pagode befragen und sich nach Karosserie, Fahrwerk, Innenraum und Mechanik erkundigen. Lieber eine Frage mehr als nötig stellen. Ist der Wagen täglich bewegt worden? Gibt es Wartungsunterlagen? Stimmt der Tachostand? Stand der Wagen in einer Garage? Welche Arbeiten wurden vorgenommen? In vielen Fällen wird bei der Zustandsbeschreibung des Wagens übertrieben. Am besten fragt man vorab nach Fotos, die dann per E-Mail übermittelt werden können. Mit diesen Maßnahmen lässt sich meistens eine überflüssige Reise vermeiden.

Alles im Originalzustand?

Befindet sich das Fahrzeug im Originalzustand oder wurde etwas verändert? Sind Sportlenkrad, Auspuffanlage, Motortuning und andere Rad-/Reifenkombinationen im Kfz-Brief vom TÜV eingetragen? Ist für alle Tuning- und Zubehörteile eine entsprechende ABE (Allgemeine Betriebserlaubnis) vorhanden? Sollten entsprechende Eintragungen oder Unterlagen für die angebauten Teile fehlen, kann dies zum Erlöschen des Versicherungsschutzes führen.

Stimmen Motor- und Fahrgestellnummer mit den Angaben in den Fahrzeugpapieren überein? Ist der Originalmotor montiert oder handelt es sich um ein Austauschaggregat? Bitten Sie den Verkäufer, diese Nummern schon am Telefon mitzuteilen. Mittels dieser Angaben lässt sich der Wagen bei einer Besichtigung genau identifizieren.

Zulassung und TÜV

Ist der Wagen noch zugelassen und kann er problemlos auf eigener Achse in die neue Garage transportiert werden? Bei abgemeldeten Fahrzeugen ist ein entsprechendes Kennzeichen notwendig. Wann war die letzte TÜV-Prüfung? Liegt der Bericht vor und besteht die Möglichkeit, ihn vor der Besichtigung einzusehen? Ist das Fahrzeug schon längere Zeit stillgelegt, kann eine teure TÜV-Vollabnahme erforderlich werden.

Bleifreier Sprit

Die in der Pagode eingesetzten Motoren waren nicht für bleifreien Sprit entwickelt worden. Bei der Umstellung auf bleifreies Benzin wurde empfohlen, entsprechende Additive zu nutzen, die Zündung zurückzustellen, falls hochoktaniger Sprit bis dahin benutzt wurde oder der Motor „klingelte“. Schließlich kam die Empfehlung, die Ventilsitze gegen gehärtete Exemplare auszutauschen.
Doch einige angesehene Motorspezialisten berichteten, dass die modifizierten Exemplare aus dem gleichen Material gefertigt waren wie die Original-Ventilsitze. Daher muss man sich keine Sorgen machen, wenn der in Betracht gezogene Wagen keine „Bleifrei-Umrüstung“ aufweist.

Wie wird bezahlt?

Bar oder Überweisung? Womit sind Käufer und Verkäufer einverstanden? Akzeptiert der Verkäufer eine Anzahlung, um den Wagen zu reservieren? Sind Sie damit einverstanden, die Kaufsumme zu überweisen, bevor Sie den Wagen übernehmen?

Versicherung für die Probefahrt

Die Regelungen im Schadensfall sind sehr unterschiedlich, sodass man sich vorab bei den Versicherungen informieren sollte. Dabei ist es wichtig sicherzugehen, dass die neueste Rechtsprechung berücksichtigt wird. Generell gilt, dass Verkäufer und Käufer vor Antritt der Probefahrt vereinbaren müssen, wie die Haftung bei einem Unfall geregelt wird. Außerdem sollte sich der Verkäufer des Fahrzeugs vor der Probefahrt unbedingt Personalausweis und Führerschein des Kaufinteressenten zeigen lassen. Denn wenn dieser nicht im Besitz einer gültigen Fahrerlaubnis ist, verliert der Verkäufer seinen Versicherungsschutz.

Professionelle technische Überprüfung

Automobilclubs aber auch unabhängige Sachverständige bieten aufwändige technische Überprüfungen von Gebrauchtwagen an. Diese Investition kann sich durchaus lohnen, vor allem, wenn man nicht sicher ist, ob sich der erste Eindruck bestätigt. Gibt der Verkäufer nicht sein Einverständnis, hat er vermutlich etwas zu verbergen. Nicht selten existieren aber auch Wertgutachten, die vom Verkäufer in Auftrag gegeben wurden, um den geforderten Preis zu rechtfertigen.

Besitzverhältnisse und Daten überprüfen

Wichtig ist auch die Klärung der Frage, ob der Verkäufer gleichzeitig auch der tatsächliche Besitzer ist. Vorsicht, wenn jemand behauptet, den Wagen im Auftrag zu verkaufen. Eine Überprüfung ist in jedem Fall hilfreich. Bestehen Ansprüche Dritter, wie z.B. einer Bank? Sind die Papiere vollständig vorhanden? Lassen Sie sich vorab Fahrgestell- und Motornummer für einen späteren Abgleich geben.

6 Inspektionsausrüstung

- **Dieses Buch**
- **Kleiner Schraubendreher**
- **Spiegel an einer Stange**
- **Magnet (nicht stark)**
- **Taschenlampe**
- **Digitalkamera**
- **Overall**
- **Begleiter (bevorzugt jemanden, auf dessen fachkundiges Urteil man vertrauen kann)**

Bevor man sich zum Objekt der Begierde begibt, empfiehlt es sich, einige Dinge einzupacken, die bei der Begutachtung des infrage kommenden W 113-Exemplars durchaus hilfreich sein können. Dazu gehört auch dieses Buch, denn es dient als nützlicher Bewertungsratgeber. Durch das Ausfüllen der einzelnen Kästen bei der Überprüfung der jeweiligen Punkte erhält man eine übersichtliche Checkliste. Dabei sollte man sich nicht scheuen, den Verkäufer damit zu konfrontieren.
Ein kleiner Schraubendreher kann helfen, korrodierte Stellen an Radkästen und Bodenblechen zu finden. Dabei sollte man natürlich sehr vorsichtig vorgehen. An besonders von Rostfraß befallenen Stellen kann der Schraubendreher nämlich direkt durch das Blech gehen.
Ein Magnet ist nützlich, um bei Stahlblechteilen den übermäßigen Einsatz von Spachtelmasse zu entdecken. Beim Einsatz des Magneten muss man aber auch darauf achten, den Lack nicht zu beschädigen. Bei älteren Fahrzeugen bleibt der Einsatz von Spachtelmasse beim Restaurieren nicht aus, sodass man darauf vorbereitet sein sollte, entsprechende Spuren zu finden. Jedoch sollte es sich dabei nicht um sehr viele und großflächige Stellen handeln. Bei einer Pagode gilt die Regel, dass der sichtbare Rost nur der kleinere Teil der tatsächlich vorhandenen Korrosion darstellt. Achtung: Die Hauben, Türen, Griffe und die Verdeckabdeckung bestehen bei allen Modellen aus Aluminium; an diesen Stellen haftet der Magnet nicht.
Eine leistungsstarke Taschenlampe mit frischen Batterien erleichtert den Blick in die Radkästen und auf den Unterboden.
Die mit einer Digitalkamera gemachten Aufnahmen von problematischen Stellen können zu Hause noch einmal in Ruhe ausgewertet werden. Dabei sollte man jede Schwachstelle des Wagens festhalten und auch die Meinung eines Freundes oder Fachmannes einholen.
Bei einer so ausgiebigen Untersuchung muss man darauf vorbereitet sein, schmutzig zu werden. Daher empfiehlt sich ein Overall als Schutzbekleidung. Die durchaus etwas seltsam anmutende Spiegelkonstruktion ermöglicht es, auch einen Blick auf kritische Punkte an schwer zugänglichen Stellen unter dem Fahrzeug zu werfen. Die Taschenlampe ist dabei eine wichtige Hilfe.
Im Allgemeinen ist es ratsam, eine Begutachtung nur in Begleitung vorzunehmen. Es ist natürlich von Vorteil, wenn diese Person mit der Materie vertraut ist. Eine zweite Meinung ist immer wertvoll.

7 15-Minuten-Prüfung

Die meisten SL-Pagoden werden dem geneigten Kunden in einem auf den ersten Blick wenigstens glänzenden Erscheinungsbild präsentiert. Um den wahren Zustand zu ermitteln, muss man diesen äußeren Schein genauestens überprüfen, damit man am Ende nicht möglicherweise einem Blender aufsitzt.

Zuerst das Handschuhfach

Wie alle Mercedes-Modelle dieser Generation rollte auch die Pagode hervorragend verarbeitet zu den Kunden. Daher können diese Fahrzeuge auch lange Zeit ohne die vom Werk vorgeschriebenen Inspektionen durchhalten, doch irgendwann wird sich die Vernachlässigung auch bei der Pagode bemerkbar machen. Und der jeweilige Besitzer ist dann der Dumme. Daher sollte man zunächst die Geschichte des Wagens überprüfen. Wie viele Besitzer stehen im Kfz-Brief? Warum wurde der Wagen in der Vergangenheit verkauft und warum steht er wieder zum Verkauf? Gibt es Belege über regelmäßig durchgeführte Inspektionen? Jeder Mercedes wurde mit einem Wartungsheft ausgeliefert, in dem sich der Betrieb mit seinem Stempel nach der durchgeführten Wartung (einschließlich Datum und Kilometerstand) verewigen konnte. Wenn dieses Heft vorhanden ist und die Inspektionen alle 5000 Kilometer oder mindestens einmal im Jahr dokumentiert sind, dann ist dies schon ein erstes positives Zeichen. Wenn dann noch die eingetragenen Firmen und Werkstätten einen guten Ruf für sorgfältige Arbeit genießen, umso besser.

Das Serviceheft erzählt viel über den Wagen.

Ist das Serviceheft nicht vorhanden, sollte man sich auf jeden Fall Rechnungen über die Inspektionen vorlegen lassen, aus denen klar hervorgehen muss, welche Arbeiten durchgeführt wurden. Lange Standzeiten sind wie bei fast allen Automobilen kein gutes Zeichen. Auch die Pagode verlangt nach regelmäßigen Ausfahrten, um die Mechanik in Schwung zu halten. Natürlich können TÜV-Gutachten ebenfalls als Nachweis für einen guten Zustand des Objekts der Begierde hilfreich sein.

Original und vollständig?

Nach dem Ausflug in die Unterlagen aus dem Handschuhfach kann man sich dem Rest des Wagens zuwenden. Gibt es Teile, die offensichtlich nicht original sind oder fehlen einige Teile? Wie bereits erwähnt, sind Verschleißteile zumeist recht preiswert, doch Anbauteile sind entweder unbezahlbar oder schlicht nicht mehr auf dem Markt. Ist der Innenraum noch im

Sind alle Anbauteile vorhanden und noch im Originalzustand?

Originalzustand? Falls nicht, wurde erfolgreich versucht, den ursprünglichen Zustand wieder herzustellen? Ist der Chromschmuck vollständig?
Ist das Verdeck unbeschädigt und funktioniert es einwandfrei? Falls ein Hardtop montiert ist: Ist der Verkäufer bereit, das Dach abzunehmen, um den Zustand des Verdecks zu demonstrieren? Oder ist er bereit, Ihnen bei der Demontage zu helfen, um den Zustand zu überprüfen? Sind alle Chromleisten an der Karosserie noch in einem guten Zustand? Sind die Scheinwerfereinfassungen einwandfrei und weist der Grill eventuell Beschädigungen auf?

Der Kühlergrill ist oft das Opfer von kleinen Rempeleien und kostspielig beim Austausch.

Korrosion

Gemessen an den Maßstäben der damaligen Zeit war die Pagode sehr gut gegen Rost geschützt. Die Hauben, Türen, Griffe und die Verdeckabdeckung bestehen bei allen Modellen aus Aluminium, sodass sie – vorausgesetzt der Lack ist noch in Ordnung – kaum unter Korrosion gelitten haben sollten. Die Kotflügel wurden allerdings aus Stahlblech gefertigt. Alle Exemplaren kamen mit einem Unterboden-Rostschutz zu den Kunden, doch kann die Schutzschicht nach den vielen Jahren Risse aufweisen, hinter denen sich im Laufe der Zeit Wasser und Feuchtigkeit sammelt, was wiederum zu dramatischen Rostproblemen führt. Regelmäßige Vorsorge kann diese Entwicklung aufhalten, und wenn diese Behandlung aus den Unterlagen hervor geht, ist das auf jeden Fall vorteilhaft. Wenn sich Rost zeigt, dann meistens an den Kotflügeln (wo ein Magnet die Spachtelmasse nachweisen kann), doch weniger an den strukturellen Trägern wie an den Schwellern, hinteren Fahrwerksteilen, Boden, Querträgern oberhalb des Getriebes oder an der „Trompeten-Sektion" unter den vorderen Kotflügeln. Wenn die Lüftungsöffnungen oder die Scheibenwischer-Spindel einen blockierten Eindruck machen und Anzeichen von Feuchtigkeit im Fußraum vorhanden sind, dann ist wahrscheinlich eine wichtige Wartungsarbeit vernachlässigt und die Abflüsse nicht gereinigt worden. Das kann zu Rostbefall an den Querträgern oberhalb des Getriebes führen. Reparaturen in diesem Bereich sind möglich, aber schwierig und daher kostspielig.

Lüftungsschlitz und Scheibenwischer sind potenziell korrosionsgefährdet und müssen genau untersucht werden.

Der Boden kann durch ein Anheben des Teppichs überprüft werden, doch der Zustand der tragenden Teile kann erst auf der Hebebühne beurteilt werden.
Es mag vielleicht noch einige wenige Exemplare im Originalzustand geben, doch nach 40 Jahren

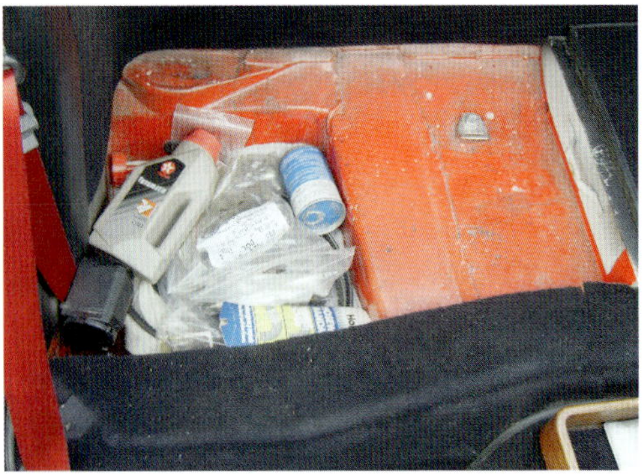

Im Heck befindet sich unter einer Abdeckung noch Platz für Kleinigkeiten. Auch hier muss man nach Rost Ausschau halten.

Einsatz auf mitunter gut gesalzenen Straßen ist es unvermeidlich, dass viele Wagen in diesen Bereichen repariert worden sind. Ist dies der Fall, ist es von entscheidender Bedeutung, ob diese Arbeiten mit Original-Reparaturblechen durchgeführt wurden. Selbst wenn die Teile aus dem Werk stammen, muss man die Arbeit auf ihre Qualität überprüfen. Außerdem: Gibt es Rechnungen für die Karosseriebleche? Die lückenlose Dokumentation spielt eine überaus wichtige Rolle. So lässt sich auch die Frage klären, ob die ausführende Werkstatt ausreichend Erfahrungen mit der Pagode hat oder nicht und bei Mercedes-Freunden einen guten Ruf genießt.

Lenkung, Federung, Bremsen

Wenn der Wagen regelmäßig benutzt wurde, sollten diese Elemente den Werksempfehlungen entsprechend gewartet worden sein. Dazu gehört das Abschmieren der Achsschenkelbolzen und der Lenkungsgelenke (mindestens alle 5000 Kilometer). In diesem Fall dürfte es hier keine Probleme geben. Die Lenkung sollte sich leicht und direkt anfühlen und die Bremsen modernen Maßstäben entsprechen. Die Achsschenkelbolzen können überprüft werden, wenn der Wagen auf der Hebebühne steht. Beim heftigen Hin- und Herbewegen des Vorderrades sollte nicht viel Spiel vorhanden sein.

Motor

Auch beim Antrieb ist eine regelmäßige Wartung der Schlüssel zu Langlebigkeit. Ist das Motoröl sauber und zeigt der Ölmessstab den korrekten Stand an, sieht die Sache erst mal gut aus. Verschmutztes, zähes und schwarzes Öl weist auf lange Einsatzzeiten des Schmiermittels und Filters hin. Bei niedrigem Ölstand könnte die Ursache in einem zu seltenen Auffüllen zu suchen sein. Allerdings könnte es auch ein Indiz für eine größere Undichtigkeit oder erhöhten Ölverbrauch aufgrund abgenutzter Kolbenringe sein.

Ist der Ölstand verdächtig hoch, kann dies daran liegen, dass der Wagen oftmals über kurze Strecken mit viel Stop-and-Go-Verkehr eingesetzt wurde und sich daher Benzin mit dem Öl vermischt hat. Oder es hat sich Wasser an der Kopfdichtung vorbei gedrückt. Weißliche Ablagerungen sind ein untrügliches Zeichen dafür.

Keiner der in der Pagode eingesetzten Motoren zeichnet sich durch einen besonders ruhigen Lauf aus, doch selbstverständlich dürfen weder die Ventilführungen oder die Lager zusätzlichen Lärm verursachen. Bei Betriebstemperatur sollte der Öldruck bei 2000 Umdrehungen und mehr bei seinem Maximum verharren.

MB-Tex war bei den meisten Pagoden der Serienbezug. Das Material ist sehr langlebig.

Ein lauter Auspuff ist nichts ungewöhnliches bei den Sechszylindern und muss nicht unbedingt ein größeres Problem darstellen. Zu viel Öl in der Ölwanne kann blauen Qualm verursachen. Tritt dieses Symptom beim Lastwechsel auf, könnte der Grund auch in defekten Ventilabdichtungen zu finden sein.

Alle W 113 wurden mit Gebrauchsanleitung und Serviceheft an den Kunden ausgeliefert.

Getriebe

Die meisten Pagoden rollten als Automatikversion zu den Kunden. Sie schaltet auch in gutem Zustand nicht so rund oder leise wie jene Exemplare in modernen Automobilen, sollte aber mit einigem Schwung aus dem Stand beschleunigen, es sei denn, man hat den Wahlhebel auf „2" stehen. Auch die Gangwechsel sollten einschließlich Kickdown zügig vonstatten gehen. Der Wahlhebel auf dem Mitteltunnel sollte sich leicht bewegen lassen.

Die manuellen Mercedes-Getriebe sind immer wieder kritisiert worden, doch die Schaltung in der Pagode lässt sich, eine nicht abgenutzte Synchronisierung vorausgesetzt, leicht bedienen. Oft weist der Schalthebel ein gewaltiges Spiel auf, was an ausgeschlagenen Buchsen liegen kann. Sollte man eines der seltenen Exemplare mit Fünfganggetriebe erwischen, so wird es sich um einiges besser schalten lassen.

Räder und Reifen

Alles andere als Stahlräder mit einem verchromten Rand entspricht nicht dem Originalzustand. Die 230 SL sollten 5 $^1/_2$-Zoll-Felgen und die 250er und 280er Sechs-Zoll-Felgen haben. Die Originalgröße der Reifen lautet 185 R 14 90 H. In Fahrzeugbriefen ist zumeist 185-14 Radial oder 185 HR 14 vermerkt. Durchaus beliebt sind auch Breitreifen der Dimensionen 195/75, 195/70 oder 205/70, wobei Mercedes-Benz Classic aber von der Montage anderer Dimensionen als 185 R 14 abrät. Die auf dem zum Verkauf stehenden W 113 montierten Reifen sollten nicht überaltert sein (Baujahr der Reifen ist aus einer Zahlenkombination an der Reifenflanke ersichtlich) und keine Beschädigungen (Risse an den Flanken) oder ungleichmäßige Abnutzungsspuren (Indiz für falsche Fahrwerkseinstellung bzw. Schäden an der Radaufhängung) aufweisen. Auch sollten es vier Reifen desselben Typs sein.

Entscheidungen

Für eine endgültige Kaufentscheidung müssen wichtige Fragen beantwortet werden: Wie weit entspricht der Wagen dem Originalzustand? Wie gut ist er? Wie klingt er? Falls Reparaturen notwendig sind, passen sie in Ihr Budget? Lassen sich die Defekte bei den Preisverhandlungen nutzen?

Ein neuer Kotflügel wurde an dieses verrottete Stehblech angepasst.

8 Problemstellen

Service-Historie

Wenn der Wagen einen guten Eindruck macht, überprüfen Sie, ob er anständig gewartet wurde. Ist das Serviceheft noch vorhanden und reichen die Eintragungen bis zur Gegenwart? Existieren aussagekräftige Rechnungen und/oder TÜV-Bescheinigungen? Ist der Ölstand korrekt und ist das Öl sauber?

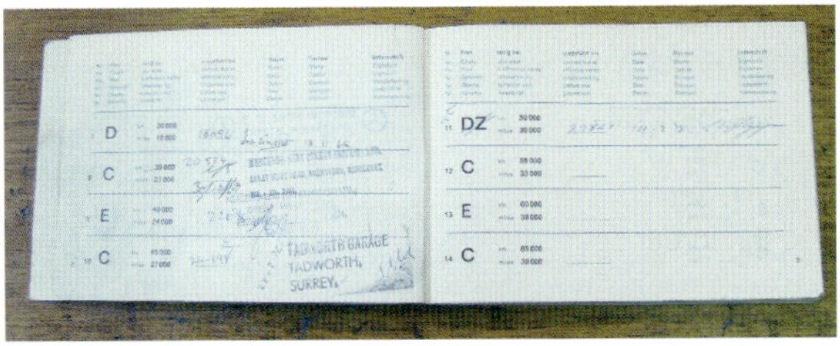

Das Serviceheft informiert über die notwendigen Arbeiten und sollte bei jeder Inspektion abgestempelt worden sein.

Original und vollständig?

Ist der Wagen in irgendeiner Weise modifiziert worden? Sind Teile beschädigt oder fehlen sie? Das ist vor allem dann wichtig, wenn man sich für ein Restaurierungsobjekt interessiert.

Bei Restaurierungen oder Reparaturen: Wurden die Arbeiten gut ausgeführt? Weisen die Kotflügel Spachtelmasse auf? Wurden bei den Reparaturen Original-Reparaturbleche eingesetzt, und wurden die Arbeiten sauber ausgeführt?

Falls der Innenraum überarbeitet

Zu spät: Einige Pagoden lassen sich nicht mehr retten.

Diese Sitze wurden neu bezogen, aber nicht mit dem ursprünglichen Stoff.

Die Blechbereiche der Armaturentafel sollten in Karosseriefarbe lackiert sein. Ist das nicht der Fall, wurde der Wagen neu lackiert.

wurde, kamen dabei qualitativ hochwertige Materialien zum Einsatz und entsprechen sie dem Werksstandard?

Wie fährt sie?

Selbst wenn Sie noch nie eine Pagode bewegt haben, ist eine kurze Probefahrt sehr aufschlussreich. Ein gut erhaltenes Exemplar sollte sich nicht grundlegend von einem modernen Wagen unterscheiden, auch wenn sich die Fahrt etwas weicher anfühlen mag und die Karosseriebewegungen vielleicht etwas ausgeprägter sind. Der Motor sollte lebhaft sein und etwas kerniger klingen als bei heutigen Fahrzeugen. Die Lenkung wiederum wird sich leicht bedienen lassen, es sei denn es fehlt die Servounterstützung, und die kraftvollen Bremsen sollten den Wagen angemessen verzögern und ihn in der Spur halten.

Eine gut erhaltene Pagode sollte sich angenehm fahren lassen. Die Fahrwerksabstimmung ist zwar weicher ausgelegt als heutzutage üblich, aber das beeinträchtigt die hervorragenden Fahreigenschaften keineswegs.

9 Realistische Bewertung

Vergeben Sie in den entsprechenden Kategorien je nach Zustand die entsprechende Punktzahl (1–4), während Sie den Wagen untersuchen. Dabei bedeutet:

++ (4 Punkte) perfekter Zustand
+ (3 Punkte) nahezu perfekter Zustand
o (2 Punkte) restaurierungs- bzw. reparaturbedürftiger Zustand
– (1 Punkt) schwere Mängel

Die Auswertung der Gesamtpunktzahl wird am Ende des Kapitels erklärt. Seien Sie bei der Beurteilung realistisch!

Äußerer Zustand

++ + – o
4 3 2 1

Lack

In der Epoche der Pagode produzierte Mercedes alle Modelle auf Kundenwunsch. Die Käufer konnten aus zahlreichen Kombinationsmöglichkeiten von Außenfarbe und Innenraumgestaltung ihre Traumpagode dem vorhandenen Budget entsprechend zusammenstellen. Daher kann man heute noch auf einige ungewöhnliche Kombinationen treffen. Die ursprüngliche Lackierung erfüllte höchste Qualitätsansprüche und kann durchaus, ordentliche Pflege vorausgesetzt, bis heute überlebt haben. Tatsächlich sind aber vermutlich die meisten Exemplare inzwischen neu lackiert worden. Die Originallackierung sollte auf einer Plakette an der vorderen Innenseite des linken Kotflügels dokumentiert sein. So kann zumindest der ursprüngliche Farbton festgestellt werden, wobei das Originalfarbmaterial inzwischen durch neue, umweltgerechte und strapazierfähigere Produkte ersetzt wurde.

Viele Pagoden rollen heute mit Metallic-Lackierungen über die Straßen, dabei waren Farben wie Weiß, Blau und Rot zu ihrer Zeit erste Wahl.

++ + – o
4 3 2 1

Blechteile

Auch wenn die Pagode einiges Gewicht auf die Waage bringt, waren ihre Türen, Hauben und der Verdeckkasten aus Aluminium gefertigt. Daher kommt ein Magnet in diesen Bereichen Spachtelmasse nicht auf die Spur. Allerdings sollte Korrosion in diesen Bereichen bei unbeschädigtem Lack kein Problem darstellen. Anders sieht es aus, wenn die Bleche beispielsweise durch eine abgebrochene Restaurierung ohne schützende Farbschicht längere Zeit der Witterung ausgesetzt waren. Dann oxidiert Aluminium und eine Lackierung kann in diesen Fällen problematisch werden. Zudem sollte man auf Dellen auf den Hauben achten, die entstehen, wenn die Hauben beim Schließen nicht mit der Handfläche, sondern mit den Fingerspitzen heruntergedrückt werden.

Die Kotflügel sowie die Front- und Heckschürze bestehen aus Stahlblech und sind daher korrosionsgefährdet, sodass sich hier der Einsatz des Magneten als sehr lohnend herausstellen kann. Vor allem unter den vorderen Kotflügeln sammelt sich gerne Schmutz im Bereich der Scheinwerfer und der Träger. Dieser Bereich muss unter allen Umständen aufmerksam untersucht werden, um festzustellen, ob er sauber ist und mit Rostschutz behandelt wurde. Selbst wenn die Kotflügel rostfrei sind, kann sich an den seitlichen Stehblechen die „braune Pest" bilden und für Verrottungserscheinung sorgen. Ihr Austausch ist möglich, doch müssen dafür die Kotflügel abmontiert werden. Die vorderen Kotflügel zeigen außerdem hinter den Spritzblechen durchaus Auflösungserscheinungen, wenn die Dichtungen verschwunden sind. Der vordere Querträger unterhalb des Kühlers ist ebenfalls ein Bereich, der vom Rost bevorzugt befallen wird. Im Heck kann Korrosion die Radkästen angreifen, vor allem in dem Bereich des Auspuffes.

Hauben, Türen und die Abdeckung des Verdeckkastens sind aus Aluminium gefertigt.

Korrekt montierter vorderer Querträger.

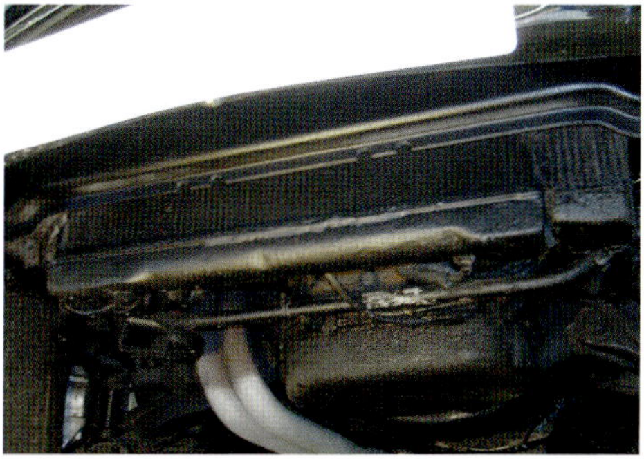
Falsch montierter und versiegelter vorderer Querträger.

Fugen und Spaltmaße

++ + – o
4 3 2 1

Befindet sich der Wagen in einem neuwertigen Zustand oder wurde er sehr gut restauriert beziehungsweise repariert, dann sollten die Spaltmaße zwischen den Blechen gleichmäßig und eng ver-

Neue Kotflügel sind auf dem Markt, aber diese Teile werden immer kostspieliger.

An den Aluminiumhauben finden sich oft Dellen, die durch falsches Schließen entstehen.

Die „Trompeten-Sektion" unter dem vorderen Kotflügel gleicht gerne einem Feuchtbiotop. Hier können erhebliche Restaurierungsarbeiten anfallen.

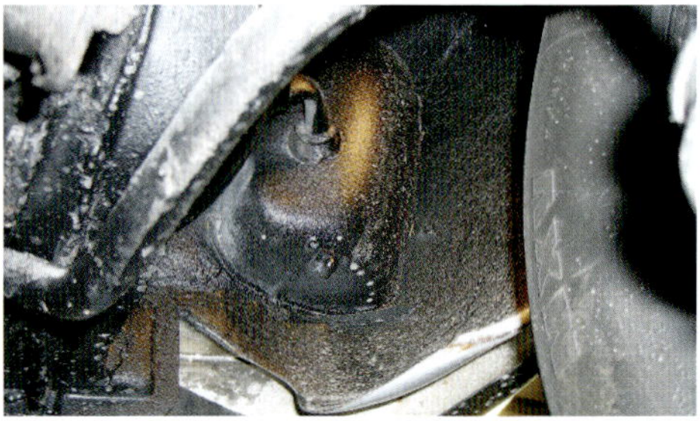

Hinter den Scheinwerfern sammelt sich ebenfalls gerne Schmutz, der zu Rostbefall führt..

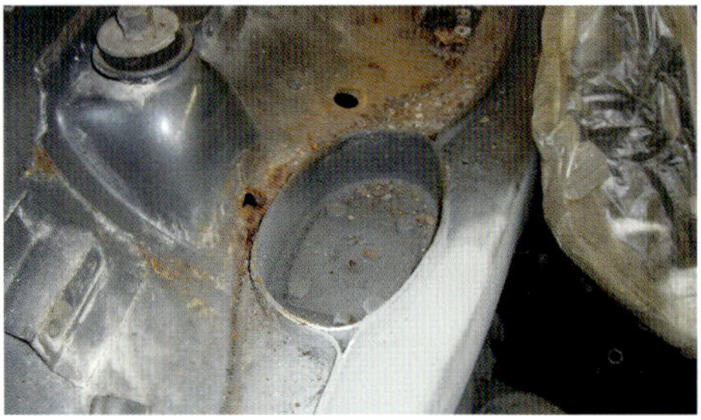

Die Halterungen im Hilfsrahmen können auch unter den Rostattacken leiden.

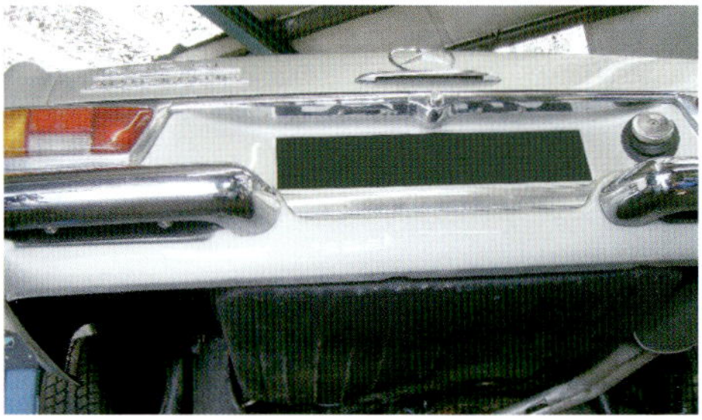

Korrekt montierter hinterer Querträger..

Falsch montiertes Heckabschlussblech.

laufen. Mercedes-Benz hat sich schon immer einer besonderen Qualität gerühmt und in den Tagen der Pagode bestand ein Großteil der Fertigung noch aus Handarbeit. Diese Tatsache kann eigene Probleme verursachen. Ich habe einmal erlebt, dass ein Wagen neu lackiert wurde, ohne dass man versuchsweise die mechanischen Teile montiert hatte. Unglücklicherweise hatte man die Karosserie so wieder zusammengesetzt, dass bei der Montage der Lenksäule die makellose Lackierung beschädigt werden musste.

Die Spaltmaße müssen eng und gleichmäßig sein.

++ + – o
[4] [3] [2] [1]

Äußere Anbauteile

Dank der ursprünglich verwendeten hochwertigen Materialien, haben viele Chromteile an der Pagode nichts von ihrem Glanz verloren, vorausgesetzt sie wurden regelmäßig poliert. Überprüfen Sie, ob alle Teile vorhanden und unbeschädigt sind. Sie können nur schwer beschafft werden und haben ihren Preis.

Eines der anfälligsten und gleichzeitig kostspieligsten Teile ist der Kühlergrill. Untersuchen Sie dieses Teil genau auf mögliche Beschädigungen. Ist das der Fall, hat der Kühler dahinter wahrscheinlich auch Beschädigungen davon getragen.

Die hinteren Stoßstangen können sich zu Rostnestern entwickeln, die einen vollständigen Austausch notwendig machen.

Chromteile sind in der Wiederbeschaffung teuer.

Ist der Grill beschädigt, kann auch der Kühler betroffen sein.

Nicht funktionierende Scheibenwischer können auf ein größeres Problem hinweisen.

Scheibenwischer

++ + – o
[4] [3] [2] [1]

Die großen verchromten Scheibenwischer sollten die Windschutzscheibe unter allen Bedingungen (Wetterextreme ausgenommen) problemlos säubern. Versagen sie ihren Dienst, sollte man zunächst untersuchen, ob der Grund dafür in der Elektrik zu suchen ist, was wahrscheinlich ziemlich einfach und preiswert gelöst werden kann. Die Ursachenforschung ist allein schon deshalb notwendig, weil die eventuelle Beschaffung eines Wischergestänges kostspielig wird. Auch die Bemühungen von Spezialbetrieben, verhakte Wischer zu „befreien" sind sehr teuer. Das gilt auch für Wischermotoren.

Um dem Problem auf die Spur zu kommen, entfernt man den Stecker vom Wischermotor, der an der Spritzwand befestigt ist. Bei eingeschalteter Zündung sollte einer der Kontakte stromführend sein – was sich mit der Prüflampe verifizieren lässt. Schaltet man nun den Scheibenwischer ein, sollte an einem der anderen Kontakte Spannung anliegen. Ist das nicht der Fall, ist die Elektrik als Defektursache identifiziert. Hilft jetzt auch kein Säubern der Kontakte oder ein Austausch der Sicherung, könnte ein defekter Schalter den Fehler verursacht haben (obwohl die Mercedes-Schalter sehr langlebig sind) oder das Relais. Diese können durch Überbrückung überprüft werden.

Scheidet die Elektrik als Fehlerquelle aus, muss der mechanische Antrieb der Wischer untersucht werden. Man erreicht ihn, indem die Abdeckung unter der Armaturentafel entfernt wird. Das Gestänge ist mit dem Motor durch einen gekrümmten Hebel verbunden. Dieser ist mit der Motorwelle entweder durch eine 10 oder 13 mm messende Mutter verbunden. Der Hebel sollte fest auf dem

gezahnten Konus sitzen, sollte sich aber mit einem kräftigen Ruck entfernen lassen. Nun betätigt man wieder den Wischerschalter. Läuft der Motor, ist die Verbindung das Problem. Als letzte Überprüfung sollte man versuchen, einen der Wischer zu bewegen.
Ist die Wischer-Mechanik blockiert, ist die Ursache wahrscheinlich in verstopften Ablauföffnungen zu suchen. Diese Ursache kann auch zu Schäden an der Heizung und dem darunterliegenden Querträger führen.

Verdeck

++ + – o
4 3 2 1

Es ist überaus wichtig, dass sich das Verdeck in einem vollständigen Zustand befindet und einwandfrei funktioniert. Sollte ein Hardtop montiert sein, benötigt man Hilfe, um es zu abzunehmen und die Verdeckklappe zu öffnen. Das Verdeck verschwindet vollständig in dem dafür vorgesehenen Raum, sodass das Hardtop montiert werden kann, ohne dass man das Verdeck entfernen muss. Das System funktioniert gut, doch sollte man das „Wie" genau kennen, vor allem, wenn man ein Auto überprüft, mit dem man nicht vertraut ist, weil man die Konstruktion sonst leicht verklemmen kann.
Bevor man das Verdeck schließen kann, muss das hintere Verdeckteil aufrecht gestellt und verriegelt werden. Mit der Kurbel auf der linken Seite der Innenverkleidung hebt man den hinteren Teil an, bis

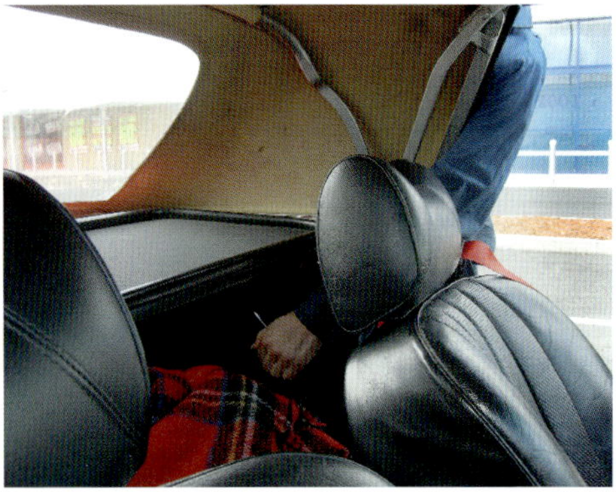
Lösen des hinteren Verdeckteils.

Aufstellen des hinteren Verdeckteils vor dem Verstauen des Verdecks.

Die vorderen Verdeckhaken befinden sich im Rahmen der Windschutzscheibe. Hier gibt es Unterscheide zu den ganz frühen Pagoden-Versionen.

Das Verdeck verschwindet in einem eigenen Abteil.

Verstauen des Verdecks

Abdeckung geschlossen

er senkrecht steht und am vorderen Teil des Verdeckrahmens anliegt. Dann öffnet man den Verdeckkasten und löst die vorderen am Windschutzscheibenrahmen befestigten Verriegelungen. Anschließend faltet man das Dach in den Verdeckkasten und schließt ihn.
Bei einem verschlissenen Mechanismus ist es leicht möglich, dass der hintere Bogen einfach in den Kasten fällt und sich beim erneuten Schließen verklemmt, bevor er den Kasten verlassen hat. Dabei kann er sich unter den Scharnieren verklemmen und sogar brechen. Das Schließen des Verdecks erfolgt in der umgekehrten Reihenfolge.

++ + – o

Hardtop

4 3 2 1

Dabei handelt es sich um eine 49 kg schwere Dachkonstruktion, die mit vier Verschlusshebeln befestigt wird. An dem Dach kann Rost an den unteren Bereichen ein Problem darstellen, wenn die Abflussöffnungen nicht saubergehalten werden. Im schlimmsten Fall kann die Korrosion den Bereich zwischen dem Heck- und Seitenfenster befallen.

Vernachlässigte Hardtops kämpfen auch mit Rostproblemen.

++ + – o

Glas

4 3 2 1

Alle Glasteile für die Pagode sind lieferbar. Sie sind aber nicht billig, sodass sich eine genaue Untersuchung lohnt.

++ + – o

Licht

4 3 2 1

Die Lichteinheiten sind ebenfalls sehr kostspielig, was eine genaue Inaugenscheinnahme zu einer lohnenden Aufgabe macht. Die Rückleuchten des 230 SL unterscheiden sich von denen der anderen Modelle.

Die Rückleuchten wurden während der Produktionszeit modifiziert.

++ + – o

Räder und Reifen

4 3 2 1

Lediglich Stahlräder mit verchromten und teilla-

Alle Räder sollten lackierte Chromradkappen besitzen. Frühe Modelle (230er und die ersten 250er) hatten zweiteilige Radblenden, alle anderen bekamen die hier zu sehende einteilige Ausführung.

ckierten Radzierblenden entsprechen dem Originalzustand. Die 230er und frühen 250 SL wurden mit 2-teiligen Radkappen (lackierte kleinere Nabenabdeckungen und großer Chromzierring) ausgeliefert. Die 230 SL rollten auf 5 1/2-Zoll-Felgen, beim 250er und 280er waren es Sechs-Zöller. Bei dieser Breite trugen die Reifen die Geschwindigkeitseinordnung „H" (siehe Hinweise in Kapitel 7).

Für den 280 SL wurden spezielle Gürtelreifen von Continental und Firestone entwickelt, doch heute sind alle gängigen Reifen der Dimension 185x14 akzeptabel, vorausgesetzt sie befinden sich in gutem Zustand und sind nicht zu alt. Risse an den Flanken sind ein Hinweis auf übermäßiges Alter. Abgefahrene oder alte Reifen sind zwar kein Grund, einen Wagen generell abzulehnen, eignen sich aber hervorragend als Argumentationshilfe bei Preisverhandlungen. Ungleich abgefahrene Reifen können ein Hinweis auf eine ausgeschlagene Lenkung und/oder Fahrwerksprobleme sein.

Innenraum

Boden

++	+	–	o
4	3	2	1

Heben Sie den Teppichboden an, um den Zustand des Bodenblechs zu untersuchen. Ist der Bereich in Ordnung, um so besser. Sind hier Reparaturen vorgenommen worden, erhebt sich die Frage, ob die Reparaturbleche dem ursprünglichen Standard entsprechen und ob sie vernünftig verarbeitet sind. Bei Feuchtigkeit in diesem Bereich muss man ermitteln, ob sie sich durch Löcher im Boden ausbreitet. Oder ist ein undichtes Verdeck die Ursache? Oder vielleicht undichte Scheiben? Oder dringt die Feuchtigkeit durch die Lüftungsöffnung ein? Die Pflege dieses Teils gehört zu den Servicearbeiten, wird aber häufig übersehen. Feuchtigkeit in den Fußräumen kann durch die darüber liegenden Schläuche verursacht werden, wenn sie entweder verschlissen oder nicht korrekt befestigt sind. Es kann aber auch an einem verstopften Heizungszulauf liegen. Hat das Wasser eine rostige Farbe, kann es aus dem Bereich der Wischerkurbeln kommen – ein großes Problem und nicht gerade preiswert zu korrigieren.

Tür- und Fensterdichtungen können ebenfalls undicht sein, doch kommt dies selten vor, wenn sie sich in gutem Zustand befinden und korrekt montiert sind.

Beim Anheben des Teppichbodens hinter den beiden Sitzen kann man überprüfen, ob die dortigen Bleche in Ordnung sind und ob in diesem Bereich Reparaturen vorgenommen worden sind.

Die Sitze waren gegen Aufpreis mit Kopfstützen lieferbar.

Sitze

++	+	–	o
4	3	2	1

Die Sitze sollten entweder mit echtem Leder oder dem so genannten MB-Tex-Kunstleder bezogen sein, was sich durch seine Langlebigkeit und angenehmen Pflegeeigenschaften auszeichnet. Es wurde bei den meisten Pagoden bestellt, doch im Laufe der Zeit bekamen viele Modelle nachträglich eine Lederausstattung. Ein guter Zustand vorausgesetzt, sollten die Sitze ausreichend Seitenhalt bieten. Die Anfertigung der neuen Innenausstattung vieler Pagoden wurde häufig nicht sonderlich gut ausgeführt. Daher muss man sich mit guten Exemplaren vertraut machen, um später die Spreu vom Weizen unterscheiden zu können.

++	+	–	o
4	3	2	1

Anbauteile

Das Holz im unteren Bereich der Windschutzscheibe auf dem Armaturenbrett kann Schäden durch die Sonneneinstrahlung aufweisen, doch Vollständigkeit vorausgesetzt, kann man diese Stellen wieder gut aufarbeiten. Das Holz war ursprünglich matt. Alle Chromteile sollten unbedingt vollständig vorhanden sein, weil sie nur sehr schwer zu beschaffen sind.

Der Polsterung an der Armaturentafel unterscheidet sich von Modell zu Modell. Das Foto zeigt einen 250 SL.

++	+	–	o
4	3	2	1

Teppich

Die ersten 230 SL hatten Gummimatten in den Fußräumen und gewebten Teppich im Heckbereich und auf der Mittelkonsole. Die später gebauten Exemplare waren luxuriöser ausgestattet.

++	+	–	o
4	3	2	1

Dachverkleidung

Ist ein Hardtop vorhanden, muss man die Verkleidung auf Zustand und Sauberkeit untersuchen.

++	+	–	o
4	3	2	1

Türverkleidungen

Auch der Zustand der Türverkleidungen muss gründlich geprüft werden. Ersatz lässt sich nur noch sehr schwer auftreiben.

Die Türinnenverkleidung muss sich in einem guten Zustand präsentieren.

++	+	–	o
4	3	2	1

Schlösser, Griffe und Fensterkurbeln

Diese Teile entsprechen der Qualität, die man von Mercedes erwartet. Dennoch muss man sich davon überzeugen, ob es sich hierbei um Originalteile handelt und sie einwandfrei funktionieren. Wenn das Glas in den Türen ausgetauscht wurde, müssen die Fensterheber neu geschmiert und eingestellt werden, was aber kein Problem darstellen dürfte. Zudem sind alle mechanischen Teile lieferbar, sollte ein Austausch notwendig werden.

++	+	–	o
4	3	2	1

Lenkräder

Das Design der Lenkräder unterscheidet sich bei den verschiedenen Versionen nur unerheblich, wobei sich aber bei den jüngeren Modellen ein Funktionstest des Hupenrings empfiehlt. Aus dem Zubehörhandel stammende Lenkräder findet man in diesen Modellen sehr selten, zumal ein solches Teil zu einer deutlichen Abwertung führt.

++	+	–	o
4	3	2	1

Armaturentafel

Die meisten Instrumente und Bedienelemente der Armaturentafel sind zuverlässig, wobei man aber

Armaturentafel vor dem Fahrersitz: Die Anzeigen für Benzin, Öldruck und Temperatur befinden sich im Zentrum.

Ein Windschott erhöht deutlich den Open-Air-Fahrgenuss.

auf alle Fälle den Drehzahlmesser prüfen sollte, weil ein Austausch sehr teuer ist. Bei der Pagode montierte Mercedes zum ersten Mal einen Multifunktionshebel an der Lenksäule, der die beiden Geschwindigkeiten der Scheibenwischer, Waschanlage, Blinker und Lichthupe umfasste. Die Konstruktion ist einigermaßen instabil geraten, bricht leicht und ist sehr kostspielig zu ersetzen. Daher lohnt sich hier ein besonders wachsames Auge.

Extras

++ + – o
[4] [3] [2] [1]

Als diese Wagen neu waren, gehörten Dinge wie Radios (damals gab es natürlich weder Kassetten- noch CD-Ausführungen) nicht zur serienmäßigen Ausstattung. Die meisten Mercedes-Händler boten damals entsprechende Geräte von Blaupunkt oder Becker samt Einbauanleitungen, Lautsprecher und Antenne an. Der Platz für das Radio war in der Mitte der Armaturentafel freigelassen worden. Der Einzellautsprecher befand sich darüber. Eine Automatikantenne von Hirschmann war im Allgemeinen am rechten Front- oder linken Heckkotflügel montiert.

In vielen Fahrzeugen wurden inzwischen moderne Audiosysteme montiert, doch lassen sich Originalgeräte (für beachtliche Preise) auftreiben. Außerdem hat die Firma Becker moderne Geräte mit nostalgischer Optik wieder im Programm.

Während der Produktionszeit kannte man noch keine Windschotts, sie gehören heute aber zum Offenfahren und die für später gebaute SL-Modelle entwickelten Windabweiser wurden für den Einsatz in der Pagode angepasst.

Handbremse

++ + – o
[4] [3] [2] [1]

Der Wählhebel der Automatik ist zierlich ausgeführt, und bei rechtsgesteuerten Wagen befand sich die Handbremse auf der „falschen" Seite. Die Kartenleselampe wurde nachträglich montiert.

Im Gegensatz zu vielen anderen Mercedes-Modellen haben diese SL eine konventionelle Handbremse anstelle der Pedal-Feststellbremse. Vor allem bei Exemplaren mit Automatikgetriebe muss man die Funktionstüchtigkeit überprüfen, weil die Bremse durch seltene Benutzung oder mangelnde Wartung Schaden nehmen kann.

Kofferraum

++ + – o
[4] [3] [2] [1]

Ursprünglich hatte der Kofferraum keinen Teppichboden, doch viele Exemplaren bekamen ihn nachträglich. Ist die ursprüngliche Auskleidung vorhanden, muss der Zustand und die Sauberkeit untersucht werden.

++ + – o

Reserverad und Werkzeug

4 3 2 1

Natürlich muss sich das Reserverad (beim 230 SL stehend, später wegen des größeren Tanks liegend angeordnet) in gutem Zustand befinden (gefüllt, Profiltiefe) und zum verwendeten Reifensatz passen. Achten Sie auf das Alter des Reifens! Außerdem sollte der Werkzeugsatz mit dem Stern vollständig vorhanden sein.

Der Kofferraum wurde bei den 250ern und 280ern zu Gunsten eines größeren Tanks verkleinert. Beim 230er war das Reserverad aufrecht stehend montiert.

++ + – o

Mechanik

4 3 2 1

Unter der Motorhaube – allgemeiner Eindruck

Eine gut erhaltene Pagode sollte sich mit einem sauberen und aufgeräumten Motorraum präsen-

Dieser Motor ist im Vergleich zum Neuzustand etwas übertrieben poliert.

Motor eines 250 SL: Abgesehen von der Beule im Kühlwasserausgleichsbehälter sollte der Motorraum sich genau so präsentieren.

Sauber, aber nicht übertrieben.

tieren. Wurde der Wagen den Mercedes-Vorschriften entsprechend gepflegt, weisen Motoren- und Anbauteile einen seidenmatten Schutzlack auf. Der Lack verlängert die Lebenszeit der Gummischläuche und verhindert Oxidation an den Aluminiumteilen.

++ + – o

4 3 2 1

Fahrgestellnummern

Alle Pagoden tragen eine 14-stellige Identifikationsnummer. Die ersten drei Zahlen definieren das Modell – in diesem Fall „113". Alle Mercedes-Modelle haben übrigens eine Modellnummer, der ein „W" vorgesetzt wurde. Die nächsten drei Zahlen definieren die Version (042 für den 230 SL, 043 für den 250 SL, 044 für den 280 SL). Die nächste Zahl ist entweder eine 1 für linksgesteuerte oder eine 2 für rechtsgesteuerte Exemplare. Die 0 steht für Handschaltung, die 2 für Automatik. Die letzten sechs Zahlen bilden die Seriennummer. Erfüllt der Wagen, den Sie gerade besichtigen, nicht die Angaben der Fahrgestellnummer, dann sollten Sie misstrauisch werden und dem Besitzer entsprechende Fragen stellen.

Der Sicherungskasten: Viele elektrische Probleme haben ihre Ursache in defekten oder verschmutzten Sicherungen.

Motor eines 280 SL: Verteiler, Zündspule und Einspritzpumpe sind gut zu erkennen.

Verkabelung

++ + − o

[4] [3] [2] [1]

Die Verkabelung muss sich in einem gepflegten, sauber isolierten und sicheren Zustand befinden. Kabel mit beschädigter Isolierung sind eine ernste Brandgefahr und ein deutliches Indiz für eine nicht fachmännisch ausgeführte Reparatur. Die ursprüngliche Verkabelung erfüllte die höchsten Qualitätsansprüche.

Zündung

++ + − o

[4] [3] [2] [1]

Die drei Versionen der Pagode besaßen konventionelle Zündanlagen mit Verteiler samt Zündspule, Kontakten und Kondensator. Wenn Kontakte und Kondensatoren regelmäßig nach Werksangaben ausgetauscht und entsprechend eingestellt wurden, sollte die Zündung keinerlei Probleme bereiten. Läuft der Wagen unruhig oder lässt sich nicht starten, sollte man dies zuerst überprüfen.

Der Kontaktabstand muss 0,4 mm betragen. Die ersten 230 SL hatten einen Unterdruckverstellmechanismus, doch später gebaute 230er, sowie alle 250er und 280er besaßen eine Vakuum-gesteuerte Zündverzögerung. Als Vakuumquelle diente bei beiden ein Lufteinlass-Venturirohr, und es ist für beide Systeme wichtig, dass sich die Drosselklappe vollständig schließt. Bei den Motoren mit Spätverstellung steuert das Vakuum nur dann die Membran am Verteiler an, wenn die Drosselklappe geschlossen ist. Bei Motoren mit Unterdruckverstellmechanismus liegt kein Vakuum an, wenn die Drosselklappe geschlossen ist.

Um einen optimalen Motorlauf zu erzielen, muss man den Zündzeitpunkt mit Hilfe einer Stroboskoplampe einstellen. Bei Motoren mit Unterdruckverstellung sollte der maximale Vorlauf bei abgeklemmtem Unterdruckschlauch auf maximal 30 Grad eingestellt werden. Auf diese Weise sollte der Zündzeitpunkt im Leerlauf zwischen 4 und 7 Grad vor OT liegen. Mit angeschlossenem Unterdruckschlauch liegt der Zündzeitpunkt jenseits von 3000/min bei 10 bis 14 Grad. Die später gebauten Motoren müssen ab 3000/min einen Zündwinkel von 30 Grad aufweisen. Im Leerlauf sollte er bei 2 bis 4 Grad nach OT liegen. Die genauen Einstellwerte für die jeweiligen Triebwerke finden sich im Werkstatthandbuch. Auch auf den Internetseiten der Interessengemeinschaften und Clubs findet man viele Tipps und Tricks sowie Einstellhinweise.

Bei der Verwendung von Benzin mit niedrigem Oktanwert muss die Zündung ebenfalls neu eingestellt werden.

++ + – o
Kühlsystem 4 3 2 1

Diese SL-Exemplare hatten „richtige", aus Metall gefertigte Kühler, die im Gegensatz zu den aus Leichtmetall produzierten Exemplaren der späteren Modelle repariert werden können. Wurden die Wartungsintervalle eingehalten und die Kühlflüssigkeit regelmäßig auf ihre Tauglichkeit überprüft bzw. erneuert, dann sollte es hier kein Problem geben. Ist das nicht der Fall, sammeln sich Ablagerungen, die den Kühler in seiner Funktion beeinträchtigen. Aufgrund der Tatsache, dass das Kühlsystem von Mercedes-Benz für außergewöhnliche Bedingungen entwickelt wurde, erkennt man einen sich zusetzenden Kühler leider erst recht spät. Dann hilft auch kein Durchspülen mehr. Die Kühler können aber von einem der überraschend vielen Spezialisten auf diesem Gebiet wieder instandgesetzt werden, sodass die Kosten für eine Kühlerrestaurierung erschwinglich bleiben.
Ein weiterer Grund für ein Überhitzen kann der Einbau eines falschen Thermostats sein. Die Öffnungstemperatur sollte auf dem Gehäuse vermerkt sein – entweder 87 oder 76 °C. Die erste Version ist nur für den Winter gedacht und kann im Sommer zu übermäßig hohen Temperaturen führen. Der 76-Grad-Themostat ist für den ganzjährigen Einsatz vollkommen ausreichend.
Undichte Schläuchen oder eine defekte Wasserpumpe können ebenfalls ein Überhitzen verursachen, doch sind diese Schäden in der Regel kaum zu übersehen. Der Lüfter ist mit einer Visko-Kupplung ausgestattet. Funktioniert sie nicht, ist ein Überhitzen garantiert. Außerdem bedeutet ein eventuell benötigter Ersatz einen tiefen Griff in die Geldbörse.
Natürlich verursacht auch eine durchgebrannte Zylinderkopfdichtung Temperaturprobleme, doch für diesen Schaden sind andere Symptome wie Wasser im Motoröl oder umgekehrt eindeutigere Anzeichen.

++ + – o
Schläuche 4 3 2 1

Untersuchen Sie den Zustand des Kühlsystems, der Servolenkung, Bremskraftverstärkung, Schläuche usw. Im Allgemeinen benutzte Mercedes konventionelle Schlauchschellen.

++ + – o
Batterie 4 3 2 1

Alle Pagoden wurden vom Werk mit Mercedes-Benz Batterien ausgerüstet, doch sind diese inzwischen so gut wie alle ausgetauscht worden. Die Batterietechnologie hat sich weiterentwickelt und heutzutage bekommt man Batterien mit mehr Kapazität und geringerer Baugröße. Wenn den Wagen lange Standzeiten erwarten und eine Alarmanlage montiert ist, empfiehlt sich generell eine leistungsstärkere Batterie.

++ + – o
Hauptbremszylinder 4 3 2 1

Überprüfen Sie den Stand der Bremsflüssigkeit. Der Wartungsfahrplan sieht einen regelmäßigen Wechsel der Flüssigkeit vor, damit die Bremsleistung nicht abnimmt. Bremsflüssigkeit zieht mit der Zeit Wasser und bei hoher Belastung der Bremse kann sich dieses Wasser dann erhitzen und führt zu dem gefährlichen Fading. Ist die Flüssigkeit trüb oder dunkel, dann ist der Flüssigkeitswechsel wahrscheinlich unterlassen worden. Ein zu niedriger Stand weist auf verschlissene Bremsbeläge oder Undichtigkeiten im System hin.

++ + – o
Motorzustand 4 3 2 1

Wie alle Mercedes-Motoren neigt auch die Pagode zu Ölverbrauch. Ein halber Liter auf gut 300 Kilometern ist nicht ungewöhnlich. Daher sollte man den Ölstand bei jedem Tanken vorsichtshalber überprüfen. Das ist auch deshalb wichtig, weil diese Motoren einen ziemlich hohen Öldruck aufbauen, gleichzeitig aber eine erstaunlich kleine Ölwanne aufweisen. Wenn der Öldruck aus Mangel an

Schmierstoff fällt, können die Folgen katastrophal sein. So kann es schon mal passieren, dass ein abgerissenes Pleuel das Kurbelgehäuse durchschlägt. Doch nicht nur auf den Stand kommt es an, das Öl muss auch sauber und frisch sein. Die Ölwechselintervalle dieser Modelle liegen bei 5000 Kilometern, wobei man ein konventionelles mineralisches Öl verwenden sollte. Solche Schmierstoffe sind in der Regel dickflüssiger als hochmoderne Synthetiköle und können in einem gewissen Rahmen den Verschleiß im Motor etwas ausgleichen, weil sie durch ihre hohe Viskosität eine abdichtende Wirkung haben. Wenn der Wagen, den Sie gerade überprüfen, weder sauberes Öl aufweist noch Belege für einen regelmäßigen Wechsel von Öl und Filter vorhanden sind, ist Misstrauen angebracht, was den Zustand des Motors betrifft.

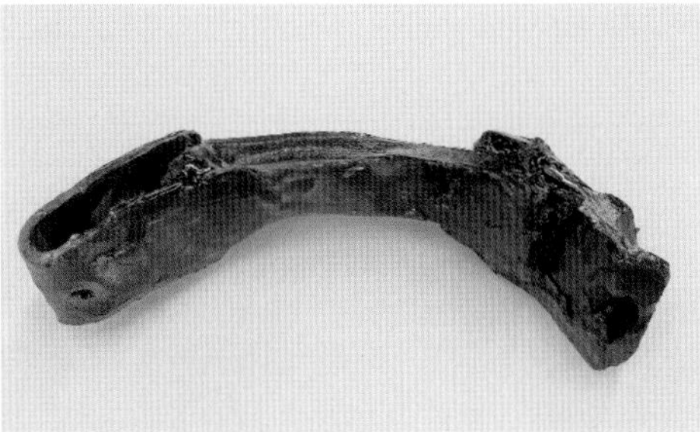

Die Überbleibsel eines Pleuels aus einem Motor, der zu lange gefahren wurde, ohne dass der Ölstand kontrolliert wurde. Das Pleuel riss ab und wurde durch den Motorblock katapultiert.

Liegt der Ölstand über dem eigentlich korrekten Niveau, dann können viele Kurzeinsätze des Wagens dafür verantwortlich sein. Unverbranntes Benzin mischt sich in solchen Fällen gern mit dem Öl und ist ein weiterer Grund für regelmäßige Ölwechsel. Zeigt sich am Öleinfüllstutzen eine cremige Flüssigkeit, dann ist dies ein eindeutiges Indiz für eine durchgebrannte Zylinderkopfdichtung.

Ein Ölverbrauch von mehr als einem halben Liter auf 300 Kilometer ist ein sicheres Zeichen für ein Problem. Undichtigkeiten können eine Ursache sein, doch ein Tropfen Öl braucht lange, bis er endlich den Garagenboden erreicht hat. Der Grund liegt wahrscheinlich in einem verschlissenen Kolben bzw. abgenutzten Kolbenringen oder einer ausgeschlagenen Zylinderbohrung. Dies kann nur mit einer aufwändigen Kompressionsprüfung festgestellt werden, was wahrscheinlich den Rahmen einer einstündigen Untersuchung sprengt.

Schwarzer Qualm aus dem Auspuff kann durch zu viel Sprit verursacht werden. Weißer oder blauer Qualm wird meistens von Öl verursacht. Motoren dieser Epoche aus dem Hause Mercedes-Benz sind bekannt für verschlissene Ventilführungen und -dichtungen. Dadurch kann Öl in den Brennraum gelangen und wird verbrannt. In extremen Fällen kann sogar die Zündkerze feucht sein und Fehlzündungen sind die Folge. Liegen entsprechende Verdachtsmomente vor, empfiehlt es sich, eine Zündkerze zu entfernen und ihren Zustand zu überprüfen. Das Problem kann in verschiedenen Situationen auftreten: bei warmem Motor und wenn er nach einer langen Standzeit wieder gestartet wird, beim Runterschalten bzw. Beschleunigen auf der Autobahn oder wenn der Motor nach einer 10- bis 15-minütigen Unterbrechung wieder angelassen wird. Diese Situationen sollten sich bei einer einstündigen Überprüfung simulieren lassen. Wenn sich der Qualm nur bei der letztgenannten Möglichkeit bemerkbar macht, könnte es reichen, die Ventilschaftdichtungen auszutauschen, was ohne Abnehmen des Zylinderkopfes möglich ist. Schäden an der Ventilführung lassen sich nur im Rahmen einer kompletten Kopf-Überholung beheben.

	++	+	–	o
Bleifrei-Umbauten	4	3	2	1

Die Abschaffung von verbleitem Sprit löste damals in der Oldtimerszene einige Verwirrung aus – vor allem bei den Freunden des dreizackigen Sterns. Bei Mercedes-Benz existieren natürlich genaue Aufzeichnungen, welche Motoren für unverbleiten Kraftstoff geeignet sind. Für die Triebwerke des W 113 lautete der Rat an die Besitzer, sich um einen Zusatz (Additiv) zu bemühen, der dem Sprit beigemischt wurde. Daher muss man überprüfen, ob der Zündzeitpunkt eingestellt werden muss, um den Motor am Klingeln zu hindern. Im Alltagsbetrieb erreichen die Pagoden nicht jene Laufleistungen, bei denen sich ein Problem mit beschädigten Ventilsitzen einstellen könnte. Bei einer fälligen Motorüberholung liegt meist eine andere Ursache als Ventilschäden vor. Doch bei einer anstehenden Revision empfiehlt sich der Einbau gehärteter Ventilsitze, was nur unwesentliche Zusatzkosten verursacht.

Einige renommierte Spezialbetriebe wissen sogar zu berichten, dass die vom Werk gelieferten Austauschelemente aus demselben Material bestanden wie die ursprünglichen Ventilsitze. Daher sollte man sich keine Sorgen machen, wenn der Wagen Ihres Vertrauens über keinen „Bleifrei-Umbau" verfügt.

++ + – o

Motor-Leckagen

[4] [3] [2] [1]

Eine gut gewartete Pagode sollte über einen gepflegten und trockenen Motor verfügen, vielleicht mit Ausnahme eines leichten Ölfilms, der aus der Dichtung am vorderen Kurbelgehäuse stammen kann. Falls es Anzeichen von weiteren Leckagen gibt, muss man intensiver forschen. Als Grund kommen eine lockere Befestigungsschelle an einem Schlauch oder defekte Leitungen in Frage. Andernfalls gibt es natürlich auch noch schwerwiegendere Ursachen für einen Ölverlust.

++ + – o

Motorhalterungen

[4] [3] [2] [1]

Im Laufe der Jahre neigen sie zu Verschleiß, doch fällt der nicht sofort ins Auge. Wenn der Wagen besonders laut ist oder beim Fahren unter merklichen Vibrationen leidet, kommen als Verursacher für diesen Zustand die Halterungen in Betracht. Sind sie besonders stark ausgeschlagen, kann durch ihren Austausch ein ganz neues Fahrgefühl entstehen.

Im Laufe der Zeit können die Motorhalterungen brüchig werden, was sich nachteilig auf den Fahrkomfort auswirkt.

++ + – o

Benzinversorgung

[4] [3] [2] [1]

Die elektrische Benzinpumpe befindet sich an einer schwer erreichbaren Stelle im vorderen Bereich des Tanks und versorgt von dort das Einspritzsystem mit Treibstoff. Oftmals kam als Ersatzteil eine modernere Bosch-Pumpe zum Einsatz. Wenn man es schafft, an die Pumpe zu kommen, um sie zu überprüfen, so sollte sie einen Liter Benzin innerhalb von 20 bis 30 Sekunden liefern. Der Druck ist unbedeutend, weil es sich um ein System mit offenem Kreislauf handelt – zu viel geförderter Sprit wird in den Tank zurückgepumpt.

Der Tank selbst kann durchaus Probleme verursachen, die man nicht immer auf Anhieb sieht. Es sei denn, es ist in der Vergangenheit daran gearbeitet worden. Falls der fragliche Wagen eine Tendenz zeigt, nach 15 bis 20 Minuten auszugehen und dann nach einer kurzen Unterbrechung problemlos wieder startet, könnte dies ein Hinweis auf Rost im Tank sein, der die Auslassleitung blockiert. Der Tank ist an sich aus solidem Material gefertigt, doch kann sich im Laufe von 40 Jahren natürlich Rost entwickeln, der dann wiederum die Pumpe blockiert. Die Lösung besteht zum einen in der Montage eines neues Tanks oder aber man entscheidet sich für eine preiswertere Reparatur, bei der man ein Loch in den oberen Teil schneidet, den Tank innen säubert und anschließend neu beschichtet. Dann wird das ausgeschnittene Blech neu eingeschweißt. Gibt es Belege für eine solche Reparatur, kann dies einen Pluspunkt bedeuten.

Die seitlich am Motor montierte mechanische Sechsstempel-Einspritzpumpe ist Kernstück der Einspritzanlage und gilt als sehr zuverlässig. Doch wenn der Wagen nicht regelmäßig bewegt wurde, kann sie mitunter blockieren, was durch Ablagerungen oder Kondenswasser mit daraus resultierender Korrosion verursacht wird. Auch Fehlzündungen kann man auf diese Problematik zurückführen, doch in diesem Fall wahrscheinlicher sind Zündanlage, Zündkerzen, Kondensator oder Verdichtung als Verdächtige in Betracht zu ziehen. Sollte die Ursache für schlechten Rundlauf des Motors in einem zu fetten Gemisch liegen, dann kann dies nicht an einer defekten Einspritzpumpe liegen. Verschlissene Pumpen liefern immer zu wenig Sprit.

Zögerliche Reaktionen der Drosselklappe und ein schlagendes Geräusch aus der Pumpe können durch Korrosion in den Leitungen zwischen der Pumpe und den Einspritzdüsen verursacht werden. Das Geräusch entsteht, wenn die Pumpe versucht, Sprit durch die verstopften Leitungen zu drücken. Wenn alle anderen Möglichkeiten ausgeschlossen sind, und der Motor dennoch nur auf fünf oder weniger Zylindern läuft, lohnt sich ein Tausch der Einspritzdüsen untereinander. Wenn dann das Problem mit den Einspritzdüsen von Zylinder zu Zylinder wandert, haben Sie die Ursache gefunden. Einspritzdüsen sind jedoch eher selten die Fehlerursache und wenn der Fehler trotz eines Austauschs der Einspritzdüse immer noch am selben Zylinder auftritt, dann hat das Pumpenelement seinen Geist aufgegeben – sofern ein Defekt in der Zündanlage ausgeschlossen werden kann. Weigert sich der Motor, in warmem Zustand anzuspringen oder benötigt er sehr lange, bis er ein Lebenszeichen von sich gibt, dann ist wahrscheinlich die Pumpe defekt.

Eine falsche Einstellung der Drosselklappen-Steuerung kann eine ganze Reihe von Problemen verursachen – bis hin zu einem Versagen der Zündzeitpunktverstellung. Die Drosselkappe im Lufteinlass muss vollständig schließen können. Eine Justierung erfolgt mit Hilfe der Betätigungsstange, die man von der Querwelle löst, die Sicherungsmutter lockert und die Einstellvorrichtung so weit nach hinten bewegt, bis man fühlen kann, ob sich die Drosselklappe korrekt in der geschlossenen Position befindet. Dann schraubt man den Einsteller ein wenig nach vorn bis die Drosselklappe gerade frei ist. Dafür benötigt man mitunter einige Versuche. Danach werden Sicherungsmutter und Betätigungsstange wieder befestigt. Anschließend sollten Sie das Verbindungsgestänge zur Einspritzpumpe überprüfen. Die Verbindung muss stramm sitzen und darf nicht ausgeschlagen sein. Auch hier lässt sich die richtige Justierung mittels einstellbarer Kugelköpfe vornehmen.

Die Benzinversorgung hat zwei Kaltstarthilfen. Die eine spritzt beim Start Benzin in den Einlasskrümmer, während die andere das Gemisch anreichert und so die Leerlaufdrehzahl während der Warmlaufphase anhebt.

Die erste dieser Vorrichtungen befindet sich auf dem Einlasskrümmer und wird durch einen Magnetschalter gesteuert. Im Detail unterscheiden sich die bei den verschiedenen Modellen verwendeten Versionen, doch werden alle durch ein oder zwei Relais kontrolliert, die an der Innenseite des linken Kotflügels montiert sind. Haben Sie Zweifel an der Funktionstüchtigkeit, lohnt sich eine weitere Untersuchung, weil ein Austausch kostspielig ist. Bei einem regelmäßig bewegten Wagen geben sie selten Anlass zu Klagen, und wenn Probleme auftreten, liegt die Ursache meistens in mangelhaften elektrischen Verbindungen. Die Startautomatik teilt sich die Sicherung mit dem Heizungslüfter. Liegt kein Fehler in der Elektrik vor, sollte man das Ventil samt Düse gründlich reinigen, bevor man die Vorrichtung austauscht.

Motor eines 280 SL: Gut zu erkennen ist die quer über den Motor laufende Welle des Gasgestänges, zur Verbindung von Drosselklappe und mechanischer Einspritzpumpe.

Die Anreicherung und die Steuerung für die Leerlaufdrehzahl befinden sich am hinteren Teil der Einspritzpumpe. Die Einrichtung ist an das Kühlsystem angeschlossen. Hier ist keine Elektrik im Spiel, dennoch scheinen diese Einheiten häufig das Opfer von Pfuscharbeiten zu werden. Funktioniert das System scheinbar nicht, ist aber ansonsten vollständig, kann eine gründliche Reinigung und ein Austausch des eingebauten Thermostats ausreichen. Die Leitungen zum Kühlsystem können verstopfen und das System lahm legen. Eine erprobte Untersuchungsmethode ist eine Demontage des Luftfilters auf der Rückseite der Einspritzpumpe. Ist der Motor kalt, sollte Luft angesaugt werden. Bei Erreichen der Betriebstemperatur wird das Ansaugen abgestellt.

++	+	–	o
4	3	2	1

Lenkung

Mercedes-Benz verwendete die Kugelumlauflenkung noch lange weiter, als andere Hersteller bereits zur moderneren Zahnstangenlenkung übergegangen waren. Eine gut gewartete Mercedes-Lenkung sollte aber perfekt funktionieren. Sie muss natürlich regelmäßig geprüft und bei Bedarf eingestellt werden. Ist das nicht der Fall, kann sich ein beachtliches Spiel entwickeln, das unter Umständen einen vollständigen Austausch notwendig macht.

Die Eigenschaften der Lenkung können durch den Austausch eines verschlissenen Lenkungsdämpfers verbessert werden.

Der Lenkhebel hatte bei frühen Modellen Messingbuchsen, die – ein regelmäßiges Abschmieren vorausgesetzt – ewig halten sollten. Die Gummibuchsen der später gebaute Modelle können verschleißen.

++	+	–	o
4	3	2	1

Bremsen

Der 230 SL besitzt vorn Scheiben- und am Heck Trommelbremsen. 250er und 280er hatten – im Durchmesser größere – Scheibenbremsen rundum und einen Bremskraftbegrenzer für die hintere Bremse.

Bei 40 Jahre alten Automobilen sind alte und verschlissene Bremsleitungen an jedem Rad ein weit verbreitetes Problem. Im Laufe der Jahre korrodieren sie von innen und begrenzen den Durchfluss oder das Schlauchmaterial wird porös und brüchig. Eine ungleich ziehende Bremse oder gar ein undichtes System sind die Folgen. Die Lösung des Problems besteht in einem Austausch der Schläuche und Leitungen (spätestens alle 10 Jahre) sowie regelmäßigem Erneuern der Bremsflüssigkeit (alle zwei Jahre). Auch hier hilft ein Blick in die Serviceunterlagen.

Weil die meisten Pagoden Automatikgetriebe besitzen, leidet die Handbremse unter Vernachlässigung, was häufig erst vom TÜV entdeckt wird. Eine gute Reinigung und Instandsetzung kann hier Wunder wirken.

Die Doppel-Dreieckslenker vorne samt Benzinfilter neben der (nicht originalen) Hupe.

++	+	–	o
4	3	2	1

Vordere Aufhängung

Achsschenkelbolzen und Spurstangen haben Schmiernippel. Vor der Einführung der Gelenke mit Einmalschmierung lassen sich diese Bauteile gerne regelmäßig (mindestens alle 5000 Kilometer oder einmal im Jahr) schmieren und danken es mit ewigen Diensten. Wird dies unterlassen, streiken sie ziemlich schnell, was im besten Fall eine Ablehnung durch den TÜV, im schlechtesten Fall aber einen Ausfall bedeutet. Ein Aus-

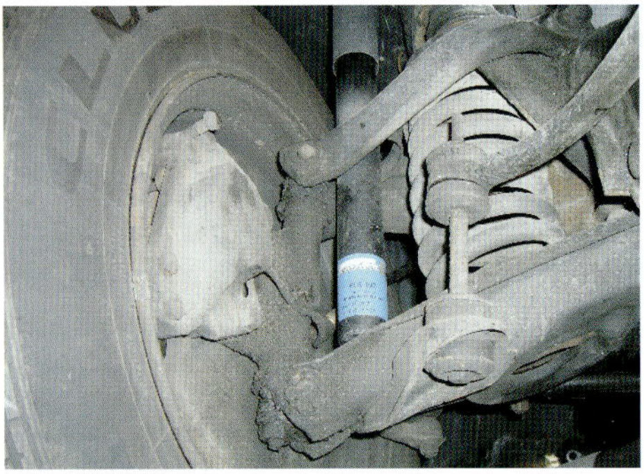

Die Vorderradaufhängung verlangt nach einer regelmäßigen Schmierung. Die insgesamt sieben Nippel befinden sich ober- und unterhalb des Achsschenkelbolzens.

Ersatz-Achsschenkelbozen sind erhältlich, aber sie müssen angepasst werden.

tausch ist kein Problem, Ersatz ist bei Mercedes lieferbar.

Es ist durchaus empfehlenswert, alle Nippel vor dem TÜV-Besuch abzuschmieren, weil die Schmierung in gewissen Grenzen einen eventuell vorhandenen Verschleiß etwas ausgleichen kann. Der Besitzer des angebotenen Wagens sollte also Nachweise über regelmäßige Abschmierarbeiten vorlegen können.

Auch die Bolzen am unteren Dreieckslenker lohnen einen genau prüfenden Blick (sie neigen dazu, sich zu lockern und zu verschwinden). Mit zunehmendem Alter können auch die Dreieckslenker selbst im Bereich der unteren inneren Zapfen verschleißen. Diesem Bereich sollte man eine genaue Überprüfung gönnen, vor allem, wenn man eine lebhafte Probefahrt plant.

Macht sich während der Probefahrt über Kopfsteinpflaster oder auf schlechten Straßen ein Poltern der gesamten Vorderachse bemerkbar, deutet dies auf abgerissene Gummilagerungen der Vorderachse hin.

++	+	–	o
4	3	2	1

Getriebe

Die meisten Pagoden rollten mit der hydraulischen Viergangautomatik zu den Kunden, die gemessen an modernen Maßstäben etwas laut und ruckartig arbeitet. Sie sollte prompt auf manuelle Eingriffe reagieren, wobei das Herunterschalten als Motorbremse genutzt werden kann. Das Automatiköl sollte eine klare rote Farbe und einen ausreichenden Füllstand aufweisen. Bei Automatikgetrieben, die noch nie überholt wurden, sollte man nach so langer Zeit auf jeden Fall mit einer Überholung rechnen.

Das manuelle Viergang-Getriebe stammt aus dem Mercedes-Regal und wird mitunter für seine hakeligen Gangwechsel kritisiert. Es erwies sich aber als sehr langlebig mit einer hervorragenden Synchronisation. Schwergängige, hakelige Getriebe leiden häufig an einem defekten Schalthebellager. Dieser Schaden wird durch das unsachgemäße Aufschlagen eines neuen Schaltknopfes hervorgerufen. Exemplare, die schon jahrelang mit einem defekten Schalthebellager gefahren wurden, können durch häufiges Verschalten nachhaltige und vor allem teure Schäden am Getriebe davongetragen haben.

Das Fünfgang-Getriebe stammt von ZF und gehört zu den Raritäten. Es ist sehr selten auf dem Markt, was die Ersatzteilbeschaffung entsprechend erschwert. Die Gangwechsel gehen zudem nicht so leicht von der Hand wie der Viergangschaltbox.

++	+	–	o
4	3	2	1

Hinterachse

Nach jahrelanger Entwicklungsarbeit stellte die Pendelachse bei der Pagode eine sehr ausgereifte und fast perfekte Konstruktion dar. Diese Bauart funktionierte sehr gut und ist, sofern sie gut gewartet wird, sehr langlebig. Wird aber eine Überholung fällig, dann ist sie nicht billig. So kann der Gleitkeil blockieren und das Kardangelenk verschleißen.

Sollten Sie den Wagen aufbocken, werden Sie vielleicht feststellen, wie viel Spiel das rechte Hinterrad aufweist. Das liegt an dem sich selbst ausrichtenden Lager in der rechten Halbwelle. Es sollte im belasteten Zustand mit dem Wagenheber unter der Feder überprüft werden. Dieses Phänomen verwirrt mitunter sogar den TÜV und führt auch dort zu falschen Urteilen.

Auf der Hebebühne lässt sich die Geometrie der Pendelachse begutachten.

Lärm aus dem Bereich der Hinterachse kann durch übermäßigen Verschleiß der Gummilager verursacht werden. Eine genaue Betrachtung empfiehlt sich.

Bei stark verölten Hinterachsgetrieben ist unbedingt Vorsicht geboten, denn ein zu niedriger Ölstand sorgt für starken Verschleiß. Auf jeden Fall muss man bei der Probefahrt auf Geräusche achten. Heulen beim Gaswegnehmen ist ein klares Indiz für Verschleiß. Additive, die dem Getriebeöl beigemischt werden, können in leichten Fällen für Abhilfe sorgen, allerdings ist in der Regel eine Überholung langfristig nicht zu umgehen.

Man sollte auch darauf achten, ob das Differenzial ausgetauscht wurde. Weil die Motordrehzahl der Pagode im Vergleich zur Fahrgeschwindigkeit ziemlich hoch ausfällt, haben einige Besitzer die Hinterradübersetzung verändert, um einen geringeren Verbrauch und entspannteres Fahren zu erreichen. Und das ist keine gute Idee. Die Motoren haben in ihrer Standardauslegung nicht ausreichend Leistung für die längere Übersetzung. Das gilt vor allem für den 230 SL. Die Achsübersetzung des 280 SE 3.5 wurde erfolgreich in 250er oder 280er transplantiert, wobei gleichzeitig die Motorleistung um 20 PS oder mehr gesteigert werden musste. Doch ist dies alles in allem eine ziemlich kostspielige Lösung und kann die Zuverlässigkeit negativ beeinflussen.

Probefahrt

++ + – o

Kaltstart

4 3 2 1

Der Motor sollte sofort starten, wobei sich der Leerlauf bald auf 750/min einpendeln muss, wenn die Betriebstemperatur erreicht ist. Zögerliches Starten bei warmen Temperaturen ist nicht ungewöhnlich und am schlimmsten beim 250er ohne Rückschlagventil in der Benzinversorgung. Dieses Ventil verhindert, dass Benzin in die hinten sitzende Pumpe zurückfließt, wenn der Motor nicht läuft. Eine nachträgliche Montage des Ventils ist möglich. Außerdem ist es hilfreich, die Zündung zu betätigen und so die Pumpe einige Sekunden laufen zu lassen, bevor man den Motor anlässt.

++ + – o

Kupplung

4 3 2 1

Sie sollte sich leicht und ohne Spiel betätigen lassen.

++ + – o

Manuelle Schaltung

[4] [3] [2] [1]

Die Gänge müssen sich ohne Spiel einlegen lassen. Die Gänge liegen deutlich auseinander, und die Synchronisation sollte problemlos funktionieren.

++ + – o

Automatik

[4] [3] [2] [1]

Die Leerlaufdrehzahl sollte sinken, wenn der Hebel in „D“ steht. Der Wagen setzt sich in Bewegung, es sei denn man tritt auf die Bremse. Man muss auf jeden Fall mit einer deutlicheren Geräuschentwicklung als bei modernen Automobilen und etwas ruckartigen Gangwechseln rechnen. Manuelle Eingriffe sollten prompt funktionieren und können als Motorbremse eingesetzt werden.

++ + – o

Lenkungsgefühl

[4] [3] [2] [1]

Bei Exemplaren mit Servounterstützung sollte sich die Lenkung leicht und päzise anfühlen. Ohne Servohilfe ist die Lenkung bei geringen Geschwindigkeiten sehr schwergängig.

++ + – o

Bremsen

[4] [3] [2] [1]

Die Bremsen an allen Versionen der Pagode waren für ihre Zeit sehr gut und entsprechen auch heutigen Standards. Natürlich gibt es kein ABS. Wenn der Wagen angelassen wird, sollte man auf das Bremspedal treten, um festzustellen, ob sich das Pedal weiter bewegt, wenn der Motor läuft. Das ist ein Zeichen für eine funktionierende Bremskraftverstärkung. Bei der Testfahrt sollte der Wagen beim Bremsen die Spur halten, einseitiges Ziehen deutet auf ein Problem hin.

++ + – o

Geräusche

[4] [3] [2] [1]

Neben den bereits erwähnten Geräuschen der Automatik, macht sich der Motor von 3000/min an (90 km/h) deutlich bemerkbar. Auch der Auspuff ist bei mittleren Geschwindigkeiten laut, doch genau das macht ihn für viele Zeitgenossen erst attraktiv.

++ + – o

Leistung

[4] [3] [2] [1]

Als die Modelle neu waren, ermittelte „Autocar“ für den 230 SL eine Beschleunigung von Null auf 100 km/h in 10,7 Sekunden (manuelle Schaltung) und 9,3 Sekunden für den 280 SL. Die Höchstgeschwindigkeit lag bei beiden bei 194 km/h. Man darf also nicht die Werte eines Supersportwagens erwarten, doch sollte eine gesunde Pagode selbst für heutige Ansprüche ein munterer Begleiter sein. Während der Probefahrt muss man auch auf mögliche Rauchentwicklung beim Beschleunigen und auf merkwürdige Geräusche vom Antriebsstrang achten.

++ + – o

Öldruck

[4] [3] [2] [1]

Direkt nach dem Start sollte der Öldruck-Zeiger auf Maximum gehen und dort verharren. Bei „reiferen“ Exemplaren wird der Zeiger möglicherweise einen Tick zurückgehen, doch sollte die Nadel wieder bei Maximum stehen, sobald die Drosselklappe aufgeht.

++ + – o

Wassertemperatur

[4] [3] [2] [1]

Die Wassertemperaturanzeige sollte bald nach dem Start erste Lebenszeichen von sich geben und nach einigen Kilometern 80°C erreichen. In dichtem Verkehr kann sie weiter steigen, sollte sich aber wieder beruhigen, wenn der Ventilator anspringt oder die Geschwindigkeit deutlich zunimmt (Landstraße).

++ + – o
4 3 2 1

Pedale

Alle wichtigen Hebel sollten sich solide anfühlen, auch wenn die Pedalerie gemessen an modernen Maßstäben einen leicht rustikalen Eindruck hinterlässt.

++ + – o
4 3 2 1

Bedienschalter

Auch die Schalter sollten das gewisse Etwas der Mercedes-Qualität vermitteln. Allerdings macht der Multifunktionshebel an der Lenksäule für heutige Maßstäbe einen etwas leichtgewichtigen Eindruck. Kontrollieren Sie jeden Schalter auf seine Funktionstüchtigkeit. Untersuchen Sie, ob die Heizungs- und Lüftungshebel intakt sind.

++ + – o
4 3 2 1

Auf der Hebebühne

Die meisten Werkstätten werden den Wagen gegen eine geringe Gebühr auf eine freie Hebebühne lassen. Am besten arrangiert man vorab einen Termin bei einer TÜV-Prüfstelle.

++ + – o
4 3 2 1

Rahmen

Hier gilt das Augenmerk vor allem den Schwellern sowie den Trägern. Korrosion und schlecht ausgeführte Reparaturen werden aus dieser Perspektive sichtbar. Rost greift gerne den vorderen Teil der hinteren Fahrwerksträger direkt vor den Rädern an. An diese Stellen kann sich Dreck und Schmutz anlagern und für großflächigen Rostbefall sorgen. In diesem Bereich findet man häufig Spuren von Reparaturen. Untersuchen Sie deren Qualität.

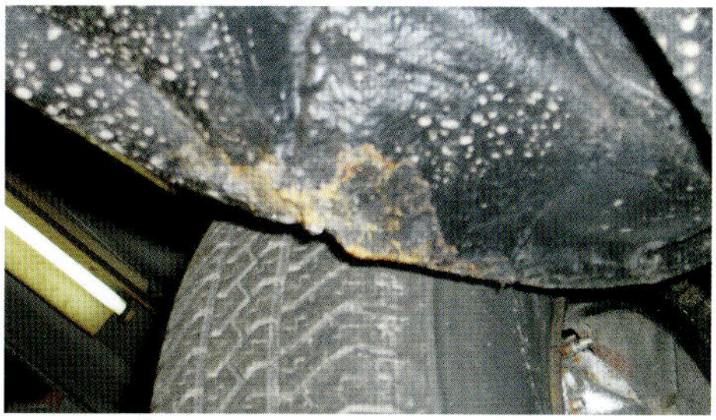

Schlecht reparierter Schweller.

++ + – o
4 3 2 1

Schweller

Sie sind aus dickwandigem Stahlblech gefertigt, doch die Entwässerungsöffnungen können verstopfen und die Anlenkpunkte für den Wagenheber rosten weg. Teilreparaturen sind möglich, doch wenn der gesamte Schweller ersetzt werden muss, muss auch der untere Teil des vorderen Kotflügels abgeschnitten werden.

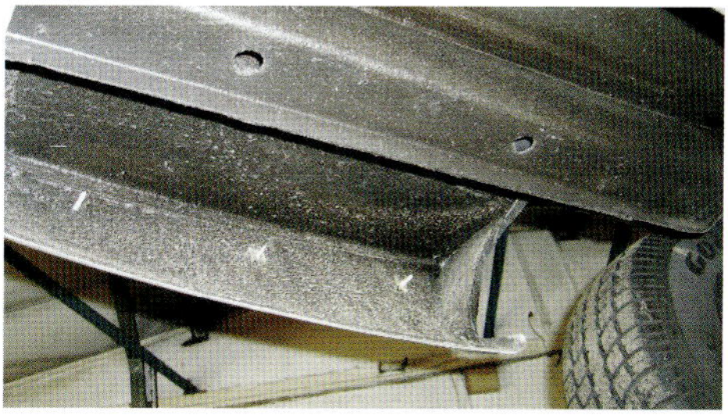

Korrekt repariertes Bodenblech.

Noch zwei Beispiele von schlechten Reparaturen: Solche Arbeiten wie hier am vorderen Rahmen und ...

... am Schweller sind nicht akzeptabel.

Korrekt reparierter Schweller am hinteren Rahmenteil des Chassis.

Austausch-Schweller, der wie das Original aus dickem Stahlblech gefertigt ist.

Wie wichtig das Überprüfen der durchgeführten Schweißarbeiten ist, zeigt dieses schlecht reparierte Bodenblech.

Ersatzbleche für die Bodengruppe sind auf dem Markt erhältlich, sogar in verzinkter Ausführung.

++	+	–	o
4	3	2	1

Bodenbleche

Auch hier muss auf Korrosion geachtet werden. Bei vielen Wagen wurden die Bleche ersetzt oder repariert. Ist das der Fall, muss die Qualität der Arbeit genau untersucht werden und festgestellt werden, ob vernünftige Austauschbleche eingesetzt wurden oder ob es sich um schlampige Flickarbeiten handelt.

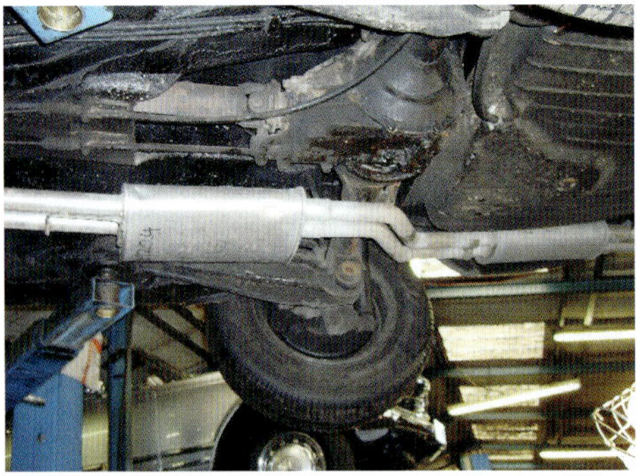

Serienmäßiges Auspuffsystem mit korrekt verschweißten Verbindungen.

Auspuffanlagen aus rostfreiem Stahl klingen etwas kerniger und sind langlebiger.

++ + – o

Auspuff [4] [3] [2] [1]

Originalexemplare sind noch immer lieferbar, doch bei vielen Wagen wurden inzwischen Anlagen aus rostfreiem Stahl nachgerüstet. Untersuchen Sie den Zustand der Originalanlagen und die Passungen bei den Nachrüstteilen.

++ + – o

Brems- und Benzinleitungen [4] [3] [2] [1]

Kontrollieren Sie die Leitungen auf Korrosion, Beschädigungen oder schlechte Montage.

++ + – o

Regelmäßige Wartung [4] [3] [2] [1]

Gibt es deutliche Zeichen, dass die Schmiernippel in der jüngeren Vergangenheit abgeschmiert worden sind und Rostschutz aufgetragen wurde?

++ + – o

Leckagen [4] [3] [2] [1]

Verlieren die wichtigsten Komponenten (Motor, Getriebe, Hinterachse, Lenkung, Kühler, Stoßdämpfer etc.) Flüssigkeit?

Auswertung

Addieren Sie nun alle Punkte: **236 = Exzellent; 177 = Gut; 118 = Durchschnitt; 59 = Ungenügend.** Fahrzeuge mit mehr als 140 Punkten sind alltagstauglich und benötigen lediglich die übliche Wartung, um sie in diesem Zustand zu halten. Bei einem Ergebnis zwischen 58 und 120 ist wahrscheinlich eine vollständige Restaurierung fällig. Bei 57 Punkten oder weniger ist das mit Sicherheit der Fall. Bei einem Ergebnis zwischen 120 und 140 Punkten ist eine genaue Analyse der notwendigen Reparaturen erforderlich.

10 Auktionen – ein anderer Weg zum Traumwagen

Pro und Kontra

Pro: Die Preise sind im Allgemeinen niedriger als bei Händlern oder privaten Verkäufern und man kann möglicherweise ein echtes Schnäppchen machen. Professionelle Versteigerer haben zumeist alle Formalitäten mit dem Verkäufer erledigt.
Kontra: Man muss allein der Beschreibung im Katalog vertrauen. Die Möglichkeiten zur Überprüfung sind begrenzt und eine Probefahrt ist nicht möglich. Auktionsmodelle sind oft in einem unterdurchschnittlichen Zustand und verlangen nach zusätzlichen Reparaturen.

Welche Auktion?

Die Veranstaltungen der etablierten Auktionshäuser werden in Automobilmagazinen oder auf den Internetseiten der Unternehmen angekündigt. Der Katalog oder eine einfache Aufstellung der zum Aufruf kommenden Modelle ist erst kurz vor der Auktion erhältlich. Allerdings veröffentlichen die Unternehmen ihre Angebote auch schon früher auf ihren Internetseiten. Nehmen Sie Kontakt mit dem Auktionshaus auf, um die Ausrufpreise zu erfahren. Details der bereits gelaufenen Auktionen sind zumeist im Netz zu erfahren und ein guter Indikator.

Katalog, Eintrittsgelder und Zahlungsmodalitäten

Der Katalog fungiert oftmals auch als Eintrittskarte für zwei Personen während der Besichtigungstage und für die Auktion selbst. Die Angaben in den Katalogen sind zumeist kurz und knapp, enthalten aber in der Regel Angaben über die Zahl der Besitzer, den Kilometerstand und die Wartungsgeschichte des Wagens. Der angegebene Ausrufpreis gibt eine erste Andeutung, in welchen Kategorien man sich bewegt, und gleichzeitig werden im Katalog auch die verschiedenen Zahlungsformen sowie das verlangte Aufgeld angegeben. Zumeist verlangt der Auktionator Barzahlung, es sind aber auch andere Modalitäten wie Zahlung mit Kreditkarte oder mittels eines von der Bank bestätigten Schecks möglich. Kein Fahrzeug wird herausgegeben, bevor nicht alle Zahlungsmodalitäten geklärt sind. Bei Verzögerungen kann der Auktionator Lagergebühren verlangen.

Aufgeld

Bei der Kalkulation darf man unter keinen Umständen das Aufgeld vergessen. Daneben können noch andere Steuern fällig werden.

Besichtigung

Bei den meisten Auktionen ist vorab eine Besichtigung der Wagen möglich. Hilfskräfte des Auktionators sind dabei durchaus bereit, die Motor- oder Kofferraumhaube zu öffnen und sie werden es auch zulassen, dass man den Innenraum besichtigt. Der Motor kann zwar gestartet werden, eine Probefahrt aber ist absolut ausgeschlossen. Man darf den Wagen auch von unten überprüfen, aber mit Sicherheit wird man die Bitte, den Wagen auf eine Bühne zu stellen, ablehnen. Man kann allerdings die wichtigsten Dokumente einsehen.

Bieten

Bevor man sich an einer Auktion beteiligt, sollte man sich unbedingt über sein persönliches Höchst-

gebot im Klaren sein und – auch wenn es mitunter schwer fallen mag – dabei bleiben.
Bis das begehrte Auto ausgerufen ist, vergeht meistens einige Zeit, die man nutzen kann, um die anderen Bieter zu beobachten. Ist der anvisierte Wagen an der Reihe, sollte man die Aufmerksamkeit des Auktionators auf sich ziehen indem man ein frühes Gebot abgibt. Der Auktionator wird dann immer zu Ihnen blicken, um eine Reaktion auf ein Gebot zu bekommen. Zumeist wird in genau definierten Schritten gesteigert, was sich erst ändern kann, wenn die Gebote langsamer kommen. Dann werden auch kleinere Schritte akzeptiert. Wenn man sich aus dem Gebotgefecht verabschieden will, sollte man dies dem Auktionator unmissverständlich signalisieren – ein deutliches Kopfschütteln sollte reichen.
Bei einem erfolgreichen Gebot notiert sich der Auktionator die Nummer Ihrer Karte, und von nun an sind Sie für den Wagen verantwortlich.
Wird der Wagen nicht verkauft, weil er schlicht kein ausreichendes Interesse fand oder unter dem Ausrufpreis blieb, gibt es immer noch die Möglichkeit, mit dem Besitzer – unter Vermittlung des Auktionators – direkt zu verhandeln.

Erfolgreiches Gebot

Bereits im Vorfeld sollte man sich für diesen Fall ein paar Gedanken gemacht haben. Wie wird der Wagen nach Hause transportiert und welche Versicherung wird dafür benötigt? Die Versicherungsfrage sollte man auf jeden Fall bereits vor der Auktion geklärt haben. Ist der Wagen nicht fahrbereit: Kann man ihn auf einem Anhänger transportieren oder muss man die Aufgabe an ein qualifiziertes Unternehmen delegieren? Das Auktionshaus verfügt zudem ebenfalls über entsprechende Adressen.

eBay und andere Internet-Auktionen

Bei eBay und anderen Internet-Auktionshäusern kann man durchaus für einen günstigen Preis an seinen Traum-Klassiker kommen, doch sollte man nicht auf eine gründliche Untersuchung des Wagens vor Ort verzichten. Die meisten Anbieter ermutigen die Interessenten sogar ausdrücklich dazu. Bei eBay wird stets der Standort des Wagens genannt, sodass man sich ein Angebot in erreichbarer Nähe aussuchen kann. Seien Sie darauf vorbereitet, in letzter Minute überboten zu werden. Sie sollten sich darüber im Klaren sein, dass Ihr Gebot bindend ist, es aber andererseits sehr schwer ist, einen betrügerischen Anbieter vor Gericht zur Rechenschaft zu ziehen. Immer wieder kommt es auch zum Verkauf von „Geisterwagen". Daher sollte man sicherstellen, dass der in Frage kommende Wagen tatsächlich existiert und sich nicht voreilig von seinem Geld trennen.

11 Papiere für eine vollständige Dokumentation

Klassische Automobile oder Sammlerautos werden im Allgemeinen von umfangreichen Papieren begleitet, die beim Verkauf weitergereicht werden. Mittels dieser Dokumentation lässt sich die exakte Geschichte des Wagens nachvollziehen und außerdem werden so der Umfang von Pflege, Wartungs- und Restaurierungsarbeiten deutlich. Für den neuen Besitzer sind derartige Dokumente außerordentlich wertvoll und wenn der Verkäufer diese nicht vorweisen kann, sollte man als Interessent misstrauisch werden.

Zulassung

Alle Länder verfügen über ein Registrierungssystem für Automobile – wie dem so genannten „Pink Slip" in den USA oder dem Kraftfahrzeugbrief in Deutschland.
Dabei ist es wichtig, dass die Unterlagen im Original vorliegen und vollständig sind, dass sie sich auf den in Frage kommenden Wagen beziehen und dass alle Details wie Motor- und Fahrgestellnummer korrekt angegeben sind. Alle früheren Besitzer sind ausschließlich im Kraftfahrzeugbrief aufgeführt. Daher sollte man sich nicht mit dem Kfz-Schein begnügen, in dem ja nur der aktuelle Besitzer angegeben ist.
Vergleichen Sie alle Angaben im Brief mit dem Typenschild, das im Fahrzeug montiert ist. Besitzt der Wagen eine ausländische Zulassung, sollte man sich vorab bei den entsprechenden Stellen wie dem Zoll informieren, welche Formalitäten bei der Einführung des Wagens zu erledigen sind.

TÜV

Auch Oldtimer können dem TÜV nicht entgehen. Bei dem Besichtigungstermin spielen daher die letzten TÜV-Berichte eine entscheidende Rolle bei der Beurteilung des Objektes der Begierde. Also sollte man sich diese Unterlagen unbedingt zeigen lassen und bei Bedarf darauf bestehen, dass die von den Prüfern verlangten Reparaturen durch entsprechende Rechnungen dokumentiert werden. Auch wenn der Wagen nicht mehr zugelassen ist, sollte man nicht darauf verzichten. So offenbaren sich mitunter schon vor der ersten genaueren Besichtigung mögliche gravierende Schwachpunkte. Sind diese Unterlagen nicht vorhanden, ist es durchaus möglich, dass der Verkäufer etwas zu verbergen hat.

Zulassung

Ist das Fahrzeug noch zugelassen, ist eine Ummeldung relativ unproblematisch. Wer viel Zeit, Geduld und Lust auf Bürokratie hat, kann selbst zum Straßenverkehrsamt fahren und dort seinen Wagen ummelden. Dazu benötigt man Kraftfahrzeugbrief, -schein, Versicherungsnachweis, TÜV-/ASU-Unterlagen Personalausweis und Bargeld für die fälligen Gebühren und die neuen Kennzeichen. Hat man sich die Kennzeichen besorgt und montiert, steht der weiteren Fahrt nichts mehr im Weg.
Besitzt der Wagen keine Zulassung mehr, interessiert sich zunächst der TÜV für das Fahrzeug. Je nach Herkunft und Dauer der Abmeldung kann der TÜV auf eine Einzelabnahme bestehen, für die eine ausführliche technische Dokumentation notwendig ist. Ist diese Hürde genommen, begibt man sich zur Zulassungsstelle. Wenn man Zeit sparen will, kann man auch entsprechende Dienstleister in Anspruch nehmen, die gegen eine Gebühr die Zulassung organisieren.

Originalzustand

Ist der Wagen älter als 30 Jahre, kann er das so genannte H-Kennzeichen bekommen. Dafür verlangt der Gesetzgeber aber, dass sich das Fahrzeug in gutem Originalzustand oder originalgetreu restauriertem Zustand befindet. Nur dann wird das begehrte Kennzeichen, mit dem sich Steuer und Versicherungsgebühren sparen lassen, montiert. Für nähere Informationen zu diesem Thema ist bei den TÜV-Stationen der „Anforderungskatalog für die Begutachtung von Oldtimern gem. § 21c StVZO" erhältlich, in dem man alle Details nachlesen kann.
Hat der Wagen allerdings bereits an internationalen Veranstaltungen teilgenommen, besitzt er möglicherweise sogar eine Bescheinigung der Fédération Internationale des Véhicules Ancienes. Dieser FIVA-Pass ist ein Ausweis über die Originalität des Modells und sollte auch bundesdeutsche Zulassungsstellen überzeugen.

Bewertung

Vermutlich hat der Verkäufer ein Wertgutachten von einer anerkannten Organisation wie DEKRA oder DAT anfertigen lassen, aus dem der Wert des Modells hervorgeht. Im Allgemeinen stellen solche Dokumente allerdings lediglich eine unverbindliche Richtgröße für den tatsächlichen Preis dar.

Service-Historie

Häufig werden diese Wagen von ihren (hoffentlich fähigen) Besitzern selbst gewartet. Trotzdem sollte man so viele Details der Service-Historie wie möglich in Erfahrung bringen. Dabei kommt den Bescheinigungen und Rechnungen von Markenhändlern oder Fachbetrieben eine ganz besondere Bedeutung zu. Tatsächlich sind alle Papiere bei der Dokumentation wichtig: Vom ersten Kaufvertrag bis zum Wartungsheft bekommt man so Antworten auf wichtige Fragen zu der Geschichte des Fahrzeugs. Besonders ein Katalog des Modells aus dem entsprechenden Baujahr ist eine wichtige Informationsquelle und sollte, falls nicht bereits vorhanden, so schnell wie möglich erworben werden. Die Behauptung des Besitzers, dass der Wagen restauriert worden sei, sollte man sich immer durch die entsprechenden Unterlagen belegen lassen.
Wenn der Verkäufer erklärt, den Service selbst vorgenommen zu haben, sollte man fragen, wann die Arbeiten ausgeführt wurden und nach entsprechenden Hinweisen suchen. Im besten Fall deckt sich Ihre Einschätzung des Gesamtzustands mit den Angaben des Verkäufers.

Restaurierungs-Fotos

Größere Restaurierungsmaßnahmen werden in der Regel mit einer Vielzahl von Fotos dokumentiert. Die aus verschiedenen Winkeln gemachten Aufnahmen helfen dabei, Umfang und Qualität der Arbeiten einzuschätzen. Wenn Sie den Wagen kaufen, bitten Sie den Verkäufer, Ihnen die Fotos zu überlassen, weil sie ein wichtiger Teil der Geschichte des Fahrzeugs sind. Es ist erstaunlich, wie viele Besitzer bereit sind, sich zwar von ihrem Wagen zu trennen, die Fotos aber als Erinnerungsstücke behalten wollen. In einem solchen Fall kann man sich vermutlich auf Abzüge von den Originalen einigen.

12 Wie viel ist „er" wert?

Zustand

Wenn Sie sich die Mühe gemacht haben und den in Frage kommenden Wagen nach dem Bewertungssystem in Kapitel 9 begutachtet haben, wissen Sie nun, ob sich das Fahrzeug in einem exzellenten, guten, durchschnittlichen oder schlechten Zustand oder irgendwo dazwischen befindet. Unterbreiten Sie dem Verkäufer nach dem Ergebnis Ihrer Inspektion einen Preis, bei dem Sie die geschätzten Kosten für die notwendigen Reparaturen berücksichtigt haben.
Viele Fachmagazine (*Oldtimer Markt, Oldtimer Praxis, Motor Klassik*) veröffentlichen regelmäßig eine Preisübersicht. Als sehr hilfreich erweist sich auch der Oldtimer Katalog aus dem *HEEL Verlag*, ein jährlich neu erscheinender Marktführer. Auktionspreise sind ebenfalls ein wichtiger Anhaltspunkt. Oldtimer haben sich in den vergangenen Jahren als relativ wertstabil erwiesen, jedoch sorgen Trends und Nachfrage nach bestimmten Modellen immer wieder für eine Verschiebung der Preise. Die angegebenen Preise sind auch abhängig von den Bewertungsmaßstäben, die die jeweiligen Zeitschriften anlegen, sodass man unbedingt die entsprechenden Fußnoten lesen muss. Außerdem sollte man sich darüber im Klaren sein, dass für einen preisgekrönten Concours-Sieger immer eine Kaufsumme aufgerufen werden wird, die über dem aktuellen Marktwert liegt. Davon ausgehend, dass der angebotene Wagen von diesem Zustand weit entfernt ist, muss man den verlangten Preis in Relation zu dem tatsächlichen Zustand sehen. Bevor man nun mit dem Handeln beginnt, gilt es zu bedenken, dass sich vorhandene Zusatzausstattungen immer auf den Preis auswirken. Wenn Sie den Wagen von einem Händler kaufen, berücksichtigen Sie dessen einkalkulierte Gewinnspanne.

Empfehlenswerte und nicht empfehlenswerte Extras

Selbst wenn Sie die Pagode Ihrer Wahl ausschließlich zum Offenfahren nutzen wollen, empfiehlt sich ein gut erhaltenes Hardtop möglichst in der passenden Lackierung. Was die Farbgebung betrifft haben sich die Geschmäcker der Besitzer seit den 1960er-Jahren deutlich geändert. Viele Pagoden wurden eben nicht mit Metallic-Lackierungen bestellt, wobei ausgerechnet Weiß einer der beliebtesten Farbtöne war. Im Laufe der Zeit sind viele Modelle neu lackiert worden, und da kamen die Effekttöne ins Farbenspiel. Exemplare ohne Servolenkung sind weniger angenehm zu fahren und daher weniger wert als Exemplare mit diesem Extra. Als ein absoluter Pluspunkt zählt ein Automatikgetriebe. Die Ausnahme ist da der 230 SL, bei dem sich viele Besitzer mit der Serienschaltung wohler fühlten, weil sie meinten, dass sie besser zur Motorcharakteristik passte und sich der Wagen daher auch besser bei Oldtimer-Rallyes einsetzen lässt. Sportlich ambitionierte Fahrer werden zudem nach dem ZF-Fünfganggetriebe samt Overdrive suchen. Allerdings lassen sich die Mercedes-Vierganggetriebe leichter schalten.

Kaufvertrag

Der Kaufvertrag kann nur auf Basis des aktuellen Zustands („wie gesehen und Probe gefahren") abgeschlossen werden Eine genaue Überprüfung während und nach der Probefahrt verschafft mehr Zeit zum Nachdenken. Auf jeden Fall sollten Sie argumentieren können, warum der verlangte Preis nicht angemessen ist, und gleichzeitig muss man sich unbedingt darüber im Klaren sein, wie viel man zu zahlen höchstens bereit ist. Berücksichtigen Sie die möglichen Reparaturkosten und nutzen sie dies als Verhandlungsargument. Im Zweifelsfall kann man noch immer ein unabhängiges Gutachten anregen.

13 Restaurieren – ja oder nein?

In einigen Fällen kann es sich wirklich rentieren, einen Wagen zu kaufen, der überschaubare Arbeiten verlangt, um wieder auf der Straße rollen zu können. Es gibt viele derartige Angebote von Händlern und privaten Anbietern. Allerdings muss man hier genau selektieren aus einer Vielzahl Fahrzeugen, die oberflächlich betrachtet nur ein wenig Aufarbeitung erfordern, jedoch in Wirklichkeit Kandidaten für einen kompletten Neuaufbau sind.

Generell gilt es, sich im Vorfeld in Sachen Restaurierung über einige wichtige Punkte im Klaren zu sein: Besitzen Sie tatsächlich das Talent, die Möglichkeiten und – noch wichtiger – die Zeit, um sich der Herauforderung einer Komplettrestaurierung mit all den möglichen Komplikationen zu stellen?

Bei einer Restaurierung wird es notwendig werden, Originalteile wie Karosseriebleche zu kaufen. Natürlich kann man sich auch in einigen Fällen mit gebrauchten Teilen zufrieden geben, doch sind es die Originalteile, die sehr kostspielig sind, zudem wenn man zur Montage auf die Hilfe eines Fachbetriebes – mit gutem Ruf und SL-Erfahrung – angewiesen ist.

Außerdem müssen Sie auch den Platzbedarf für eine Restaurierung berücksichtigen. Eine große und trockene Garage ist Grundvoraussetzung. Haben Sie die Möglichkeiten, den Motor auszubauen? Wird die Restaurierung wirklich nur ein Jahr dauern? Oder sind 24 Monate realistischer?

Bei der Wahl des Restaurierungskandidaten wird man sich wahrscheinlich für das billigste gerade noch fahrbereite Angebot entscheiden. Wenn wenigstens der Motor läuft, ist das schon sehr hilfreich.

SL-Kenner Roger Edwards hatte immer folgenden Ratschlag auf Lager: „Wenn Du ein Wrack restaurieren willst, dann sollte es ein vollständiges Wrack sein." Wobei die Betonung stets auf „vollständig" lag. Alle Teile, vor allem die schwer beschaffbaren, sollten vorhanden sein.

Doch so eine Komplettrestaurierung bleibt immer ein finanzielles Abenteuer. Nicht selten verschlingen solche Projekte mehr Geld, als das Fahrzeug nach Abschluss der Arbeiten wert ist. Wenn man die Summe für eine Totalrestaurierung direkt beim Kauf investiert, kann dies für wesentlich mehr Fahrvergnügen sorgen – bei deutlich weniger Arbeit.

Daher sollte man immer die Regel befolgen, die bestmögliche Pagode zu kaufen, die man sich leisten kann. Bei Modellen in restaurierungsbedürftigem Zustand muss man unter allen Umständen vermeiden, viel Geld für einen Haufen wertlosen Schrott zu bezahlen.

Ein Restaurierungsobjekt muss vor allem vollständig sein.

14 Lackprobleme

Lackprobleme entstehen zumeist wegen unzureichenden Vorarbeiten für eine Neulackierung oder Ausbesserung. Einige der folgenden Probleme werden Sie bei der Klassiker-Suche häufiger antreffen.

Orangenhaut

Die ungleichmäßige Lackoberfläche erinnert an die Schale einer Orange. Das Problem entsteht, wenn der Lack zu wenig verdünnt wurde (häufig auch in Kombination mit einem zu großen Sprühabstand). Auch extreme Temperaturunterschiede zwischen der Umgebung und der zu lackierenden Oberfläche fördern die Bildung einer Orangenhaut. Dieser Effekt lässt sich in leichteren Fällen mit einer entsprechenden Politur oder sehr feinem Schleifpapier beseitigen. Je nach Ausmaß dieses Lackierfehlers ist eine Neulackierung empfehlenswert. Auch hier hilft die Begutachtung durch einen Experten.

Orangenhaut

Risse

Risse im Lack können vor allem durch zu viel Spachtelmasse entstehen. Wird dem Lack zu viel Härter beigemischt oder besteht eine Unverträglichkeit zwischen der neu aufgetragenen Farbsorte und der bereits vorhandenen Lackierung, kann es ebenfalls zu diesen Erscheinungen kommen. Bei einer umfassenden Restaurierung sollte man vor der Neulackierung sämtliche Lackschichten entfernen, um dieses Problem auszuschließen.

Wahrscheinlich verursachte schlechte Lackqualität diese Risse.

Haarrisse

Wenn sich feine Haarrisse über die Lackoberfläche verteilen, liegt häufig eine Unverträglichkeit des Lacks mit der verwendeten Grundierung vor. In diesem Fall muss man sich Gedanken über eine Neulackierung machen.

Blasen

Korrosion unter der Lackierung verursacht unweigerlich Blasen. Werden sie erst einmal richtig sichtbar, ist der Schaden an den Blechen vermutlich ziemlich groß. Vor einer Neulackierung muss in diesen Fällen zunächst das betroffene Blech repariert werden.

Vermutlich hat jemand viel Geld für diese furchtbar schlechte Lackierung bezahlt.

Mikroblasen

Diese Blasen lassen auf eine preiswerte Lackierung

schließen, bei der die Oberfläche nicht gründlich trocknen konnte. Am besten holt man sich Rat bei einem Spezialisten, doch wird man häufig in dem betroffenen Bereich die alte Lackierung vollständig entfernen müssen. Als Ursache für die Blasen kommen aber auch Fahrzeugabdeckungen in Frage, die nicht „atmen".

Rostblasen

Verblassen

Einige Farben, vor allem Rot, neigen dazu, bei starker Sonneneinstrahlung und ohne Schutz durch entsprechende Politur zu verblassen. Wenn eine Behandlung mit einem Lackreiniger nicht ausreicht, kommt man um eine Neulackierung nicht herum.

Abblätternder Lack: Besonders gerne sind Zweischicht-Metallic-Lacke davon betroffen.

Abblättern

Vor allem bei Metallic-Lackierungen kann es vorkommen, dass der Klarlack abblättert. Schlecht aufgetragener Einschicht-Lack zeigt ebenfalls diese Erscheinung. Konsequenterweise muss das Fahrzeug auch in diesen Fällen neu lackiert werden.

Einschlüsse

Wenn bei den Vorbereitungen zum Lackieren und beim eigentlichen Lackiervorgang nicht auf Sauberkeit geachtet wurde, kommt es zu Staub- und Schmutzeinschlüssen, die sich nicht ohne weiteres entfernen lassen. Hier hilft nur eine vollständige Neulackierung.

Beulen

Kleinere Beulen lassen sich leicht vom „Beulen-Doktor" (Adressen im Internet) sanft und meistens ohne Folgen für den Lack aus dem Blech ziehen, sofern die Lackoberfläche noch intakt ist. Auf jeden Fall sollte man berücksichtigen, dass bei vielen Oldtimern dickere Bleche verwendete wurden als bei heutigen Fahrzeugen und sich dadurch die Arbeit des Beulen-Doktors manchmal schwieriger – und somit teurer als angenommen – gestalten kann.

15 Konditionsprobleme

Regelmäßige Einsätze sind die beste „Fitness-Kur".

Wie Menschen sind auch Automobile am besten in Form, wenn sie regelmäßig bewegt werden. Klassiker sollten pro Woche mindestens 20 Kilometer gefahren werden. Dabei können sich die verschiedenen Flüssigkeiten ihren Aufgaben entsprechend verteilen. Folgende Probleme können auftreten, wenn der Wagen nicht ausreichend gefahren wird.

Festgegangene Komponenten

Durch wasserhaltige Bremsflüssigkeit können die Kolben in den Bremssätteln bzw. in den Radbremszylindern (230 SL) korrodieren und bei längerer Standzeit festrosten. Auch die Handbremsmechanik muss regelmäßig betätigt werden, damit sie bei Bedarf funktioniert.

Flüssigkeiten

Öl: Ziehen Sie den Messstab heraus und überprüfen Sie die Farbe und Konsistenz des Schmierstoffes. Schwarz bedeutet altes Öl, schwarz und zähflüssig deutet auf eine sehr vernachlässigte Maschine hin. Weißliche Rückstände sind Anzeichen von Kühlwasser im Öl und bedeuten häufig eine defekte Zylinderkopfdichtung. Der Ölstand in der Hinterachse kann nur überprüft werden, wenn der Wagen auf der Hebebühne steht. Das Öl des Automatikgetriebes wird am Vorratsbehälter überprüft.
Kühlflüssigkeit: Bei einem zu niedrigen Stand kann entweder das Kühlwasser abgelassen worden sein oder der Kühler hat ein Leck. Der Behälter befindet sich vor der Spritzwand. Beim Auffüllen denken Sie auch gleichzeitig an den Behälter der Scheibenwaschanlage.
Bremsen: Bremsflüssigkeit nimmt mit der Zeit Wasser auf, wodurch die Bremsleistung beeinträchtigt wird. Ein zu niedriger Flüssigkeitsstand oder gar ein leerer Behälter ist ein schlechtes Zeichen. Meistens sind verschlissene Bremsbeläge oder undichte Bremszylinder zwei mögliche Ursachen, die in Frage kommen. Für die Bremszylinder sind relativ preiswerte Reparatursätze mit neuen Dichtungen erhältlich. Auch wenn der Flüssigkeitsstand korrekt ist, sollten Sie die Bremsflüssigkeit sicherheitshalber erneuern. Kontrollieren Sie genauestens die Bremsleitungen und Bremsschläuche auf Korrosion bzw. Rissbildung.

Reifen

Überprüfen Sie die korrekte Größe und den zugelassenen Geschwindigkeitsbereich der Reifen und kontrollieren Sie die Eintragung der Reifengröße in den Fahrzeugpapieren. Ist die Bereifung für das Modell zugelassen? Stammen alle Reifen vom gleichen Hersteller und haben sie identische Maße? Untersuchen Sie die Reifen auf Profiltiefe und mögliche Risse in den Flanken. Gibt es Schäden, die auf Alterung zurückzuführen sind? Kontrollieren Sie das Alter der Reifen mit der entsprechenden Angabe auf der Reifenflanke. Wenn die vorderen Reifen ungleichmäßig abgefahren sind, ist dies ein Zeichen für Probleme an der Radaufhängung oder Lenkung. Möglicherweise müssen die Lenkung und die Spur neu eingestellt werden. Durch entsprechend lange Standzeiten kann es zu Deformationen (Standplatten) an den Reifen kommen. Unwucht und damit verbundene Vibrationen sind die Folgen. In diesem Fall sollte man einen neuen Satz Reifen einkalkulieren.

Defekte Stoßdämpfer

Um zu sehen, ob die Dämpfer überhaupt arbeiten, drücken Sie den Wagen an den Kotflügeln nach unten. Längere Standzeiten können dazu führen, dass der Dämpfer sich gar nicht mehr bewegt. Das gilt auch für ein Fahrzeug, das über einen längeren Zeitraum aufgebockt in der Garage stand. Hier können die Federbeine korrodiert sein. Federt das Fahrzeug zu lange nach, deutet das eventuell auf verschlissene Dämpfer hin.

Gummi und Kunststoff

Kühlerschläuche verhärten mit der Zeit und reißen oder werden brüchig. Fenster- und Türdichtungen können ebenfalls altern und undicht werden. Die Gummimanschetten an der Lenkung und der Aufhängung sowie die Scheibenwischergummis unterliegen genauso einem altersbedingten Verschleiß und müssen rechtzeitig erneuert werden.

Sicherungskasten: Viele Elektrikprobleme beginnen hier.

Auspuff

In Auspuffgasen befinden sich Wasser und Säuren, sodass normale Stahlauspuffanlagen von innen her korrodieren können, wenn der Wagen nicht gefahren wird oder längere Zeit steht.

Korrodierte elektrische Kontakte

Wurde die Batterie nicht abgeklemmt bzw. gefettet, sind deren Pole vermutlich korrodiert. In diesem Fall sollte man die Batterie ausbauen, die Anschlusskabel und -klemmen säubern, bis sie glänzen oder gegebenenfalls eine neue Batterie einbauen. Verschiedene Massekabel sind möglicherweise ebenfalls korrodiert. Das gilt auch für weniger wichtige Anschlusskabel und Stecker.

Der Benzintank kann von innen rosten.

16 Wichtige Adressen und Ansprechpartner

Clubs

Wer einen Klassiker wie die Pagode besitzt, wird früher oder später darüber nachdenken, sich einem Club oder einer Interessengemeinschaft anzuschließen. Ein Club bietet technische Unterstützung, hilft bei Fragen und es lassen sich Teile organisieren oder komplette Fahrzeuge kaufen. Auch stehen regelmäßige Ausfahrten auf dem Programm.

Mercedes-Benz Interessengemeinschaft e.V.
An der Ohligsmühle 10
53127 Bonn
Tel.: 0228/2599736
Fax: 0228/2599737
www.mbig.de

Mercedes-Benz SL-Club Pagode e.V.
c/o Michael Lenhardt
Meersburger-Straße 1b
88690 Uhldingen-Mühlhofen
www.sl-club-pagode.de

Mercedes-Benz SL-Club, Austria
www.slclub.at

Mercedes-Benz SL-Club Schweiz
www.sl-club.ch

Spezialisten

Eine ganze Reihe von Werkstätten und Händlern haben sich auf die Wartung und Reparatur des W 113 spezialisiert. Viele Anbieter präsentieren sich im Internet oder schalten Anzeigen in den einschlägigen Fachmagazinen (Oldtimer Markt etc.). Einen hervorragenden Überblick über die technischen Daten und andere wissenswerte Details sowie konkrete Tipps für Fehlersuche bei wichtigen Komponenten und einen ausgezeichneten Ersatzteilservice bietet www.pagode.info.
Außerdem bietet das Mercedes-Benz Classic-Center in Stuttgart wertvolle Hilfe bei Restaurierungen. In den Werkstätten des Hauses werden zudem vollständige Restaurierungen durchgeführt (www.mercedes-benz-oldtimerservice.com).

Koellner SL-Service
www.pagodenteile.de
www.pagode.info

D.T.L.
Tel: 0231/96987184
Fax: 0231/96987200
www.sl-edition.de

Werner Karasch & Co GmbH
Leithestr. 111-119
45886 Gelsenkirchen
www.karasch-mb.com

Firma Heinrich Niemöller
Markircher Straße 6
68229 Mannheim - Friedrichsfeld
Tel.: 0621/472046
Fax: 0621/481151
www.niemoeller.de

KIENLE Automobiltechnik GmbH
Max-Planck-Str. 4
71254 Heimerdingen
Tel.: 07152/901630
www.kienle.com

DB Depot
Andreas Reinacher
Rheinstraße 23
76706 Dettenheim-Rußheim
Tel: 07255/719650
Fax: 07255/719649
www.dbdepot.de

Classic-Center Regental GmbH
Dr.-Pfannenstiel-Str. 3
93128 Regenstauf
Tel.: 09402/938510
classic-center-regental.de
mb-neuteile.de

Literatur

Jede Pagode wurde mit einem umfangreichen Handbuch ausgeliefert. Sollte es nicht mehr vorhanden sein, muss man sich auf Oldtimer-Märkten oder bei spezialisierten Buchhändlern umsehen. Auch die entsprechenden Werkstatthandbücher lassen sich dort mit etwas Glück auftreiben.

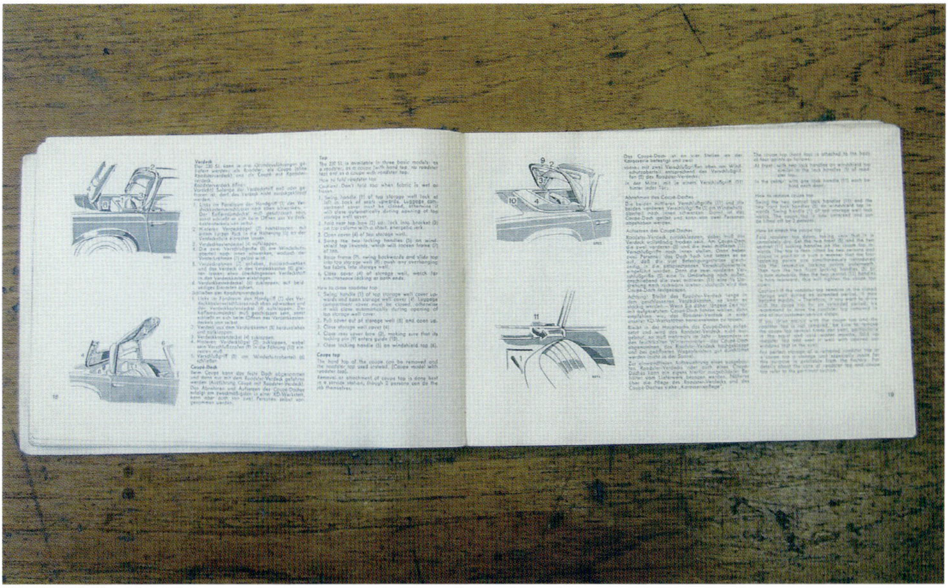

Die Gebrauchsanleitung ist ausführlich und es lohnt sich, sie irgendwo aufzutreiben.

Weitere Fachliteratur zum Thema SL

Meredith/Rebmann/Isaac	Das Original: Mercedes SL	HEEL Verlag
Baaden/Röcke	Das Neue Große Mercedes SL-Buch	HEEL Verlag
Hofner/Schrader	Mercedes-Benz Band I + II	HEEL Verlag
Zink, Günther	Oldtimer Katalog Nr. 22	HEEL Verlag
Kahlscheuer, Martin	Oldtimer Adressen Lexikon	HEEL Verlag
Petzholdt, Christian	Oldtimerpflege	HEEL Verlag
Baxter, Lionel	Oldtimer Restaurierungshandbuch	HEEL Verlag
Martynn Randall	Praxishandbuch Bremsen	HEEL Verlag
Schlegelmilch, Jürgen	Mercedes-Benz – Ihr guter Stern auf allen Straßen	HEEL Verlag

Wichtige jährliche Veranstaltungen

Bremen Classics, Bremen
Retro Classics, Stuttgart
Techno Classica, Essen
Schloss Dyck Classic Days
VETERAMA, Ludwigshafen
Motorshow, Essen

17 Daten und Fakten

Produktionszahlen

Insgesamt wurden 48.912 Pagoden gebaut:
230 SL: 19.831
250 SL: 5196
280 SL: 23.885

Leistungsdaten

Testfahrten des Magazins „Autocar" im September 1964 und September 1970 ergaben folgende Werte:

230 SL (manuell):
0-100 km/h: 10,7 Sekunden; Höchstgeschwindigkeit: 194 km/h; Verbrauch: 13 Liter.
280 SL (Automatik):
0-100 km/h: 9,3 Sekunden; Höchstgeschwindigkeit: 194 km/h; Verbrauch: 14,9 Liter.

Motoren:

230 SL: Sechszylinder, 2306 ccm (Hub x Bohrung: 82 mm x 72,8 mm); OHC; Verdichtung: 9,3:1; vierfach gelagerte Kurbelwelle; mechanische Einspritzung von Bosch; 150 PS bei 5500/min; maximales Drehmoment: 194 Nm bei 4500/min

250 SL: Wie 230, mit Ausnahme: 2496 ccm (Bohrung x Hub: 82 mm x 78,8mm); Verdichtung: 9,5:1; siebenfach gelagerte Kurbelwelle; maximales Drehmoment: 212 Nm bei 4500/min

280 SL: Wie 250, mit Ausnahme: 2778 ccm (Bohrung x Hub: 86,5 mm x 78,8mm), 170 PS bei 5750/min (160 PS bei Abgasoptimierung); maximales Drehmoment: 240 Nm bei 4500/min

Kraftübertragung

230 SL: Einscheiben-Trockenkupplung; synchronisiertes Vierganggetriebe (4,42:1, 2,28:1, 1,53:1, 1,00:1; Rückwärtsgang: 3,92:1; ab 1965: 4,05:1, 2,23:1, 1,42:1, 1,00:1); optionale Viergang-automatik (3,98:1, 2,52:1, 1,58:1, 1,00:1; Rückwärtsgang: 5,47:1). Optionales ZF-Fünfganggetriebe ab Januar 1966. Achsübersetzung: 3,75:1; 3,69 oder 3,92:1 ab September 1965; 4,08:1 mit Fünfganggetriebe
250 SL und 280 SL: wie späte 230 SL

Fahrwerk

230 SL: Vorne unabhängige Einzelradaufhängung mit doppelten Dreieckslenkern, Schraubenfedern und Stabilisator. Pendelachse hinten mit Schraubenfedern und Querfeder; Teleskop-Gasdruckstoßdämpfer. Kugelumlauflenkung (22,7:1; mit Servo 17,3:1); servounterstütztes Zweikreisbremssystem; Scheiben vorne, Trommeln hinten; Reifen: 185 R14.
250 SL und 280 SL: wie 230 SL, aber mit Scheibenbremsen rundum

Abmessungen

Alle Versionen:
Gesamtlänge: 4282 mm; Breite: 1760 mm; Höhe: 1305 mm (mit Coupé-Dach), 1320 mm mit Faltverdeck; Radstand: 2400 mm.

Gewicht:

230 SL: 1295 kg; 250 SL und 280 SL: 1715 kg; Mehrgewicht Hardtop: 49 kg.

Identifikation

Eine typische Fahrgestellnummer lautet: 113043 – 12 – 002482. Der erste Teil der Nummer gibt das Modell an:
230 SL: 113.042
250 SL: 113.043
280 SL: 113.044

Dann folgt die Kennzahl für die Getriebeausstattung, die vor der 6-stelligen Seriennummer steht:
für Schaltung (Linkslenker): – 10 –
für Automatik (Linkslenker): – 12 –
für Schaltung (Rechtslenker): – 20 –
für Automatik (Rechtslenker): – 22 –

Motornummern (z.B.: 127981 – 10 – 008176) befinden sich am Motorblock links hinten oben am Übergang zum Zylinderkopf und werden ähnlich aufgeschlüsselt wie die Fahrgestellnummern. Sie beginnen mit:
230 SL: 127
250 SL: 129
280 SL: 130

Danach geben drei Ziffern Auskunft darüber, dass es sich um SL-Motoren handelt, die leistungsstärker waren als die baugleichen Motoren aus den Limousinen wie z.B. dem 280 SE W108:
230 SL: 981
250 SL: 982
280 SL: 983

Die entsprechende Getriebevariante ist erkennbar an dem Zahlencode:
Schaltung: – 10 –
Automatik: – 12 –

Produktionszeiten:

230 SL: Juli 1963 bis Januar 1967
250 SL: Dezember 1966 bis Januar 1968
280 SL: Januar 1968 bis März 1971

S-TY 962

Für Porsche-Fahrer
und -Fans
PORSCHE FAHRER
DLS TURBO BY SINGER
PORSCHE FAHRER
JUBILÄUMS-AUSGABE
75 Jahre Porsche Sportwagen
60 Jahre 911
PORSCHE FAHRER
30 JAHRE 993
DER LETZTE MIT LUFTKÜHLUNG
ALLE 2 MONATE NEU
im Handel und als Download!
Infos zum Magazin, News aus Zuffenhausen, Gewinnspiele
und Bestellmöglichkeit unter www.porsche-fahrer.de